# 编　委　会

主　编：高　健（新疆林业科学院）
张绘芳（新疆林业科学院）
张景路（新疆林业科学院）

副主编：地力夏提·包尔汉（新疆林业科学院）
朱雅丽（新疆林业科学院）
王　蕾（新疆林业科学院）

编　委：张　敬（霍尔果斯市自然资源局）
许新江（霍尔果斯市自然资源局）
马　鑫（新疆林业科学院）
迪丽努尔·阿不都力（新疆林业科学院）
乃比·吐尔逊（霍尔果斯市自然资源局）

顾　问：柴永斌　姚小刚

# 霍尔果斯市
# 常见野生动植物

高　健　张绘芳　张景路　主编

首都师范大学出版社
CAPITAL NORMAL UNIVERSITY PRESS

**图书在版编目(CIP)数据**

霍尔果斯市常见野生动植物 / 高健，张绘芳，张景路主编 . -- 北京：首都师范大学出版社，2024. 12.

ISBN 978-7-5656-8460-9

Ⅰ . Q958. 524. 54；Q948. 524. 54

中国国家版本馆 CIP 数据核字第 20246ST404 号

HUO' ERGUOSI SHI CHANGJIAN YESHENG DONGZHIWU

**霍尔果斯市常见野生动植物**

高　健　张绘芳　张景路　主编

---

责任编辑　孙　琳

首都师范大学出版社出版发行

地　　址　北京西三环北路 105 号

邮　　编　100048

电　　话　68418523（总编室）　68982468（发行部）

网　　址　http: //cnupn.cnu.edu.cn

印　　刷　北京虎彩文化传播有限公司

经　　销　全国新华书店

版　　次　2024 年 12 月第 1 版

印　　次　2024 年 12 月第 1 次印刷

开　　本　710mm × 1000mm　1/16

印　　张　13.75

字　　数　150 千

定　　价　82.00 元

---

# PREFACE

# 序

霍尔果斯市位于我国新疆维吾尔自治区伊犁哈萨克自治州，地处中国西部边陲，与哈萨克斯坦接壤，西承中亚五国，东接内陆省市，是312国道、连霍高速公路的终点。早在隋唐时期，霍尔果斯市就是“丝绸之路”新北道上一个重要驿站，是西域交通的重要通道。

霍尔果斯市地形独特，可用“北山、南平、中丘陵”来概括其地理环境。北部为东西走向的科古琴山；南部山前地带较平坦，处于山前冲积、洪积平原之上。受北天山和南天山的阻拦，霍尔果斯市气候温暖湿润，具有特色鲜明的气候特点。

霍尔果斯市独特的地理位置和气候条件，孕育了大量野生动植物，是众多生物栖息的家园。这里植被类型丰富，植物种类众多，丰茂的植被构成了当地的生态基础；霍尔果斯市是众多鸟类的栖息地和迁徙廊道，有大量的鸟类在此繁衍生息，是观鸟爱好者的天堂；霍尔果斯市紧邻温泉县和霍城县，高山地区与北鲵保护地毗邻，山前丘陵也是四爪陆龟等保护动物的理想栖息场所。这里有丰富的生物资源，是全疆生物多样性指标较为突出的地区之一。

为了摸清霍尔果斯市野生动植物“家底”，霍尔果斯市自然资源局委托新疆林业科学院现代林业研究所开展“霍尔果斯市野生动植物物种资源综合科学考察项目”，本书以此次科学考察的成果作为基础，致力于向公众提供霍尔果斯市常见野生动植物的科普知识。

全书分为常见植物、常见鸟类、常见哺乳动物三大部分。其中植物选取野外调查较为常见的种类进行展示；鸟类以栖息于或迁徙途经霍尔果斯市的种类为主；哺乳动物以本底调查红外相机数据为基础。

受知识和经验所限，书中难免存在疏漏和不足之处，希望广大读者能够提出意见和建议。您的意见是我们前进的动力。

我们希望以本书作为开端，吸引更多公众关注生物多样性保护，从保护身边的一草一木开始，为人与自然和谐相处做出自己的努力。

高健

# CONTENTS

# 目录

# CONTENTS

# CONTENTS

# CONTENTS

CONTENTS

CONTENTS

CONTENTS

CONTENTS

# CONTENTS

CONTENTS

# 常见植物

# 雪岭云杉 *Picea schrenkiana* Fisch. et Mey.

松科　Pinaceae　云杉属　*Picea* Dietrich

乔木，高30—40米；树皮暗褐色，块状开裂。树冠呈圆柱形或尖塔形。小枝下垂，一、二年生枝呈淡灰黄色或淡黄色，无毛或有细短毛；老枝暗灰色。冬芽呈圆锥状卵形，淡黄褐色，微有树脂，芽鳞背部及边缘有短茸毛，紧贴或伸展。叶呈四棱状条形，直或微弯，横切面呈菱形，四面均有气孔线。球果成熟前为暗紫色，极少绿色，圆柱形或椭圆状圆柱形；种鳞呈倒三角形，先端圆，基部呈阔楔形；苞鳞呈长圆状倒卵形。种子呈斜卵形；种翅淡褐色，倒卵形，先端圆。花期5—6月。球果9—10月成熟。

生于中低山－亚高山草甸、草原。在天山西部（北坡）海拔1250—2700米，中部（北坡）1500—2700米，东部2100—2900米，南坡2300—3000米；西昆仑北坡海拔3000—3600米都有分布。产于巴尔鲁克山、小帕米尔、准噶尔阿拉套山和中亚山地。

# 灰叶胡杨 *Populus pruinosa* Schrenk

杨柳科 Salicaceae 杨属 *Populus* L.

小乔木，高至 20 米。树冠开展，树皮淡灰黄色，深裂。萌条枝密，被灰色短茸毛；小枝有灰色短茸毛。萌枝叶呈椭圆形，两边被灰茸毛；短枝叶呈肾脏形，全缘或先端具 2—3 个疏齿牙，两面为灰蓝色，密被短茸毛；萌枝叶柄较短，微侧扁。果序着生 20—30 朵花，果序轴、果柄和蒴果均密被短茸毛。蒴果呈长卵圆形，2—3 个瓣裂；花盘深裂有时至基部，膜质，早落；每果平均含种子 140—160 粒；种子呈长圆形，淡黄至乳黄色；果先端具长喙；花果期 6—9 月。

生于荒漠河谷河漫滩或水位较高的沿河地带，海拔 800—1400 米。产于新疆叶尔羌河、喀什河、和田河一带；向东分布到阿拉尔、渭干河等地，南抵若羌瓦石峡之西，北达达坂城白杨河出山口，西达伊犁河谷。中亚和伊朗也有分布。

# 银白杨 *Populus alba* L.

杨柳科　Salicaceae　杨属　*Populus* L.

乔木，高15—30米。树冠宽阔，树皮白色至灰白色，平滑，下部常粗糙，具纵沟。小枝常被白色茸毛，萌条密被茸毛，呈圆筒形，灰绿或淡褐色。芽呈卵圆形，先端渐尖，密被白茸毛，后局部或全部脱落，棕褐色，有光泽。萌枝和长枝叶呈卵圆形，掌状，有3—5个浅裂，裂片先端钝尖，基部呈阔楔形、圆形、平截或近心形，中裂片远大于侧裂片，边缘呈不规则凹缺，侧裂片几呈钝角开展，不裂或具凹缺状浅裂，初时两面被白茸毛，后上面毛脱落；短枝叶较小，卵圆形或椭圆状卵形，先端钝尖，基部呈阔楔形、圆形、少微心形或平截，边缘有不规则且不对称的钝齿牙，上面光滑，下面被白色茸毛；叶柄短于或等于叶片，近叶片处略侧扁，被白茸毛。雄花序轴有毛；苞片膜质，宽椭圆形，边缘有不规则齿牙和长毛；花盘有短梗，宽椭圆形，歪斜；雄蕊花丝细长，初期花药紫红色，后淡黄色。雌花序轴有毛，雌蕊具短柄，花柱短。柱头二裂，具淡黄色长裂片。花期4—5月。蒴果呈细圆锥形，二瓣裂，无毛。果期5—6月。

生于荒漠河谷岸边或在河心岛上形成片林，海拔440—580米。产于额尔齐斯河，南北疆广为栽培。山东、辽宁南部、河南、河北、山西、陕西、宁夏、甘肃、青海、西藏等地均有栽培。东欧和中欧、地中海西岸、北非、小亚细亚、西亚和中亚、西西伯利亚、蒙古等地也有分布。

# 苦杨 *Populus laurifolia* Ledeb.

杨柳科　Salicaceae　杨属　*Populus* L.

乔木，高 10—15 米，树冠宽阔；树皮淡灰色，下部较暗，有沟裂。萌枝有锐棱肋，姜黄色；小枝淡黄色，有棱。密被茸毛或稀无毛。芽呈圆锥形，多黏质，下部芽鳞有茸毛。萌枝叶呈披形或卵状披针形，先端呈急尖或短渐尖，基部呈楔形、圆形或微心形，边缘有密腺锯齿；短枝叶呈椭圆形、卵形、长圆状卵形，先端呈急尖或短渐尖，基部呈圆形或楔形，边缘有细钝齿，有睫毛，两面沿脉常有疏茸毛；叶柄呈圆柱形，上面有沟槽，密生茸毛。雄蕊 30—40 枚，花药紫红色；苞片近圆形，基部呈楔形，裂成多数细窄的褐色裂片，常早落；雌花序果期增长，轴密被茸毛。花期 4—5 月。蒴果呈卵圆形，初有柔毛，后无毛或被疏毛，三瓣裂。果期 6 月。

生于山地河谷和额尔齐斯河湾。产于新疆青河、富蕴、福海、阿勒泰、布尔津、哈巴河、吉木乃、木垒、奇台、和布克赛尔、塔城、裕民、伊吾、巴里坤等市（县）。西伯利亚有分布。

# 鹿蹄柳 *Salix pyrolifolia* Ledeb.

杨柳科　Salicaceae　柳属　*Salix* L.

大灌木或小乔木。小枝淡黄褐色或栗色，嫩枝有疏柔毛。芽黄褐色，卵圆形，初有毛，后无毛。叶呈圆形、卵圆形、卵状椭圆形，先端短渐尖至钝圆，基部呈圆形或微心形，少阔楔形，边缘有细锯齿，上面绿色，下面淡白色，两面无毛，叶脉明显；叶柄初有短柔毛，后无毛；托叶大，呈肾形，边缘有锯齿。花先叶或与叶同时开放；果序伸长，花序梗短，具有早落的鳞片状叶或缺；苞片呈长圆形或长圆状匙形，先端钝或渐尖，棕褐色或褐色，有长柔毛，腺体一个，腹生，呈长圆形；雄蕊两枚，花丝离生，无毛，花药黄色；子房呈圆锥形，无毛，花柱明显，柱头二裂。花期5—6月。蒴果呈淡褐色。果期6—7月。

生于阿尔泰山、萨乌尔山、塔城北山以及天山中山带河谷。产于新疆青河、富蕴、福海、阿勒泰、布尔津、和布克赛尔、塔城、托里、新源、巩留、昭苏等市（县）。

# 天山桦 *Betula tianschanica* Rupr.

桦木科　Betulaceae　桦木属　*Betula* L.

乔木，高达 12 米，胸径 20 厘米；树皮淡黄褐色，薄片剥落。小枝被柔毛及树脂点。叶呈卵状菱形，先端尖，基部呈楔形，下面沿脉疏被毛或近无毛，侧脉 4—6 对，重锯齿粗或钝尖；叶柄被细柔毛。果序呈圆柱形，果苞背面被细毛，中裂片呈三角状或椭圆形，较侧裂片稍长，侧裂片呈半圆形或长圆形，微开，展或斜展。小坚果呈倒卵形，果翅较果宽或近等宽。果期 8 月。

生于天山南北坡、各地林缘，疏林或混交林中甚为普遍。中亚山区有分布。

# 蓝枝麻黄 *Ephedra glauca* Regel

## 麻黄科　Ephedraceae　麻黄属　*Ephedra* L.

小灌木，高 20—80 厘米。茎基部直立或偃卧面具斜上升的小枝；皮淡灰色或淡褐色，条状剥落。上年枝淡黄绿色，节间具残存叶鞘，从节上对生或轮生出当年生小枝；当年生枝几乎相互平行同上，淡灰绿色，密被蜡粉，光滑，具浅沟纹；从节上复发出细小枝。由根状茎或匍匐茎上发出新枝；从节上复发出细小枝。叶片两枚，连合成鞘，背部稍增厚，具两条几乎平行而不达顶端的棱肋，形成狭三角形或狭长圆形叶片，顶端钝或渐尖，基部沿节上一圈增厚，联结叶片的膜较宽，近革质，淡黄绿或淡黄褐色，后变淡灰白色，常具横纹。雄球花呈椭圆形或长卵形，无柄或具短柄，对生或轮生于节上，基部具一对几乎水平展或微下弯、背部淡绿色的总苞片；两边各具一枚基部连合、边缘膜质、背部淡绿色、具棱脊的舟形苞片；内含三朵花，中间一朵最大、最长，两侧各一朵较小，中间的一朵也具淡绿色小苞片和三朵花，但中间一朵常不育，均着生在薄膜质、中部以下连合的假花被（小孢子叶）中；从第二对苞

片开始，两边各含一朵花，包围在中部以下连合、薄膜质的假花被（小孢子叶）中；在最上一对苞片中，含三朵花，中间一朵最大，它包围在中部以下连合的一对苞片中，内含两朵花；雄蕊柱（花药轴）全缘，伸出，具6—7对无柄的花粉囊。雌球花含两种子，长圆状卵形，无柄或具短柄，对生或几枚成簇对生；苞片3—4对，交互对生，草质，淡绿色，具白膜质边缘，成熟时红色，后期微发黑；最下一对总苞片呈叶鞘状，中部以下连合，不随雌球花脱落；第二、三对苞片依次较大，下部连合；最内层（上部）苞片最大，中部以下连合。花期6月。种子两粒，不露出，椭圆形，灰棕色，背部凸，腹面平凹；种皮光滑，有光泽；珠被管呈螺旋状弯，顶端具全缘浅裂片。种子8月成熟。

生于前山荒漠砾石阶地、黄土状基质冲积扇、冲积堆、干旱石质山脊、冰积漂石坡地、石质陡峭山坡，海拔1000—3000米。产于新疆青河、阜康、乌鲁木齐、和布克赛尔、沙湾、奎屯、乌苏、精河、伊宁、伊吾、哈密、巴里坤、鄯善、吐鲁番、和硕、和静、库车、沙雅、拜城、阿克苏、阿克陶、乌恰等市（县）。分布于我国青海、甘肃和内蒙古。吉尔吉斯斯坦和塔吉克斯坦也有分布。

# 木贼 *Equisetum hyemale* L.

木贼科　Equisetaceae　木贼属　*Equisetum* L.

根状茎粗、长、黑褐色。地上茎常绿、直立、粗壮、粗糙、质硬，具15—20条棱肋，沿棱肋具两列疣状突起，沟槽内有两行气孔。叶鞘筒呈圆筒形，贴茎，顶部及基部各有一黑褐色圈，中部灰绿色；叶鞘齿6—20个，线状钻形，背部具浅沟，黑褐色，先端长渐尖，常脱落。孢子囊穗紧密，长椭圆形，暗褐色，尖头，无柄。

生于山地河谷岸边，针叶或混交林缘，海拔1400—2300米。产于新疆青河、富蕴、布尔津、哈巴河、奇台、和布克赛尔、塔城、霍城、特克斯、昭苏、伊吾、哈密、温宿（托木尔峰）等市（县）。分布于我国东北、华北、西北、西南。日本、朝鲜半岛、欧洲、北美及中美洲等地也有分布。

# 扇羽阴地蕨 *Botrychium lunaria* (L.) Sw.

阴地蕨科　Botrychiaceae　阴地蕨属　*Botrychium* Sw.

植株高 5—10 厘米。根状茎短而直立，具簇生肉质根。叶单生，柄基部有鞘状苞片；营养叶呈长圆状披针形，一回羽状裂；羽片呈扇形，3—5 对，下部几对较大，先端钝圆，基部呈楔形；边全缘或近波状，光滑无毛。孢子叶发自营养叶基部，柄高出营养叶，1—2 次分枝。孢子囊穗呈细圆锥形，2—3 分枝；孢子囊呈球形。孢子极面观为三角形，赤道面观为半圆形，外壁具疣状纹饰。

生于天山和昆仑山、亚高山和高山草甸、云杉林缘及疏林，海拔 1800—3800 米。极为少见。产于新疆乌鲁木齐、昌吉、乌苏、博乐（赛里木湖）、霍城、温宿（托木尔峰）、叶城（昆仑山）等市（县）。分布于我国吉林、河北、内蒙古、山西、陕西、甘肃、四川、云南、西藏。蒙古、朝鲜、日本、东西伯利亚、西西伯利亚、中亚山地、高加索、欧洲、美洲、澳大利亚和新西兰也有分布。

# 大麻 *Cannabis sativa* L.

## 大麻科　Cannabaceae　大麻属　*Cannabis* L.

一年生草本，高 1—3.5 米。叶薄，互生，有长叶柄，指状 3—7 或 11 裂，裂片呈长披针形至丝状披针形，顶端长渐尖，边缘具粗锯齿，上面深绿色，粗糙，被短硬毛，下面淡绿色，生灰白色毡毛；叶柄呈半圆柱形，上面有纵沟，密被短绵毛；托叶呈线状，先端渐尖，密被绵毛。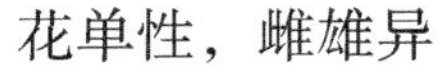花单性，雌雄异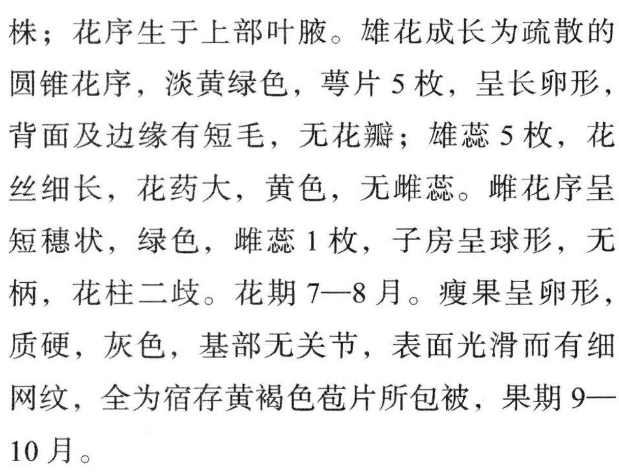株；花序生于上部叶腋。雄花成长为疏散的圆锥花序，淡黄绿色，萼片 5 枚，呈长卵形，背面及边缘有短毛，无花瓣；雄蕊 5 枚，花丝细长，花药大，黄色，无雌蕊。雌花序呈短穗状，绿色，雌蕊 1 枚，子房呈球形，无柄，花柱二歧。花期 7—8 月。瘦果呈卵形，质硬，灰色，基部无关节，表面光滑而有细网纹，全为宿存黄褐色苞片所包被，果期 9—10 月。

生于阿尔泰山和天山山地河谷、荒地、耕地以及牲畜棚圈周围。我国东北各省、河北、河南、山东、浙江及西南各省多有栽培。中亚、西伯利亚、欧洲各地均有分布。

# 冷蕨 *Cystopteris fragilis* (L.) Bernh.

蹄盖蕨科　Athyriaceae　冷蕨属　*Cystopteris* Bernh.

植株高 15—30 厘米。根状茎短而横走，被棕色披针形鳞片。叶近生，草质，淡绿色；叶柄禾秆色或红棕色，光滑无毛；叶片呈披针形至长圆状披针形，二回羽状；羽片 8—12 对，斜展，彼此远离，基部一对缩短，长圆状披针形，中部羽片先端渐尖，基部具短柄；小羽片 4—6 对，卵形或长圆形，先端钝，基部不对称，下延，羽状深裂；末回小裂片呈长圆形，边缘有粗齿；叶脉呈羽状，小脉伸达齿端。孢子囊群小，呈圆形，生于小脉中部；囊群盖呈卵形，膜质，灰绿色，幼时覆盖囊群，成熟时被压在下面。孢子具周壁，表面有深棕色的刺状纹饰。

生于山地针叶林缘、疏林、林中空地、山河岸边，海拔 1400—3500 米。产于新疆阿尔泰山，萨乌尔山，准噶尔西部山地，天山自东至西、自北至南，直到昆仑山地。广布于我国东北、华北、西北各省。亚洲东部、欧洲和北美洲也有分布。

# 麻叶荨麻 *Urtica cannabina* L.

荨麻科　Urticaceae　荨麻属　*Urtica* L.

多年生草本，高 70—150 厘米。根茎匍匐。茎直立，呈四棱形，通常不分枝，被有短伏毛和稀疏的螫毛。叶交互对生，掌状 3—5 全裂或深裂，再羽状分裂成小裂片，表面深绿色，被有短伏毛或近无毛，密布小颗粒状钟乳体，叶脉凹陷，背面淡绿色，被短伏毛和螫毛，以脉上较多，叶脉突起，基出脉 3—5 条；叶柄细长，有短毛和螫毛或无毛；托叶小，狭披针形，离生，后渐脱落。花单性。雌雄同株或异株。同株时，雄花序生在茎下部叶腋。雄花花被 4 深裂，花被片呈椭圆状卵形，外面有毛；雌花花被片 4 片，外面两片小，内面两片花后增大，宽椭圆形，宿存，等长或长于果实，外面有短毛和 1—3 根螫毛。花期 7—8 月。瘦果呈椭圆状卵形，两面凸起而稍扁，表面具褐色斑点。果期 8—9 月。

生于河谷水边、林缘、河漫滩、阶地、山脚和山沟，海拔 540—2580 米。产于新疆奇台、乌鲁木齐、玛纳斯、塔城、托里、沙湾、霍城、巩留、特克斯、哈密、和硕、和静等市（县）。分布于我国东北、华北及西北各省。蒙古、俄罗斯（西伯利亚）、中亚和欧洲也有分布。

# 卵叶铁角蕨 *Asplenium rutamuraria* L.

铁角蕨科　Aspleniaceae　铁角蕨属　*Asplenium* L.

植株高 5—10 厘米。根状茎短，直升或斜升，密被黑褐色、狭披针形、边缘具疏齿的鳞片。叶簇生，坚纸质，两面光滑；叶柄纤细，基部褐色，连同叶轴均为绿色，疏被腺体和线形腺质的鳞片；叶片呈卵形，二回羽状；侧生羽片 5—7 枚，互生，具短柄，基部一对较大，羽状或三出，其余向上各羽片较小，三出；小羽片 3—5 枚，倒卵形或扇形，顶端一片较大，先端钝圆，两边全缘，基部呈宽楔形或楔形，具短柄；叶脉在小羽片上呈扇状分枝，小脉伸向齿内，不达齿端。孢子囊群呈短条形，每小羽片 3—5 枚，成熟后布满叶背面；囊群盖呈条形，灰白色，膜质，边缘有睫毛。孢子周壁具皱褶，不连接成网状，表面具细刺状纹饰。

生于山地石缝中，海拔 1400—3000 米。产于新疆阿尔泰山、塔城、阿拉套山以及天山各地。分布于我国河北、内蒙古、山西、陕西、云南、西藏等地。欧洲、高加索、中亚、西伯利亚、东亚和东南亚、喜马拉雅山脉、北美洲东部也有分布。

# 淡枝沙拐枣 *Calligonum leucocladum* (Schrenk) Bunge

蓼科　Polygonaceae　沙拐枣属　*Calligonum* L.

灌木，高通常50—120厘米。老枝黄灰色或灰色，拐曲；当年生幼枝灰绿色。叶呈条形，易脱落；膜质叶鞘淡黄褐色。花较稠密，2—4朵生叶腋；花梗近基部或中下部有关节；花被片呈宽椭圆形，白色，背面中央绿色。花期4—5月。果（包括翅）呈宽椭圆形；瘦果呈窄椭圆形，不扭转或微扭转，四条肋各具两翅；翅近膜质，较软，淡黄色或黄褐色，有细脉纹，边缘近全缘、微缺或有锯齿。果期5—6月。

生于固定沙丘、半固定沙丘及沙地。产于新疆青河、奇台、吉木萨尔、玛纳斯、沙湾、精河及吐鲁番等市（县）。中亚有分布。

# 绿叶木蓼 *Atraphaxis laetevirens* (Ledeb.) Jaub. et Spach

蓼科 Polygonaceae 木蓼属 *Atraphaxis* L.

小灌木，高 30—70 厘米，全株被短乳头状毛，分枝开展，老枝皮灰色，新枝皮淡黄绿色，枝的顶端具叶或花，无刺。叶鲜绿色，近无柄，叶片革质，宽椭圆形，顶端圆形微凹，具小尖头，基部呈宽楔形，表面无毛，背面网脉突起，被乳头状毛，在中脉基部明显，全缘或呈微波状；托叶鞘呈筒状，膜质，先端二裂成锐齿。总状花序短，近头状，主要侧生于当年生木质枝的顶端；花淡红色具白色边缘或白色，花被片 5 片，排成两轮，外轮两片较小，圆状卵形，果期反折，内轮三片果期增大，肾形或圆状心形；花梗细，中下部具关节。瘦果呈宽卵形，具三棱，黑褐色，光滑，有光泽。花果期 5—7 月。

生于砾石质或石质山坡，海拔 1200 米。产于新疆青河、富蕴、阿勒泰、塔城、尼勒克、新源、巩留、特克斯等市（县）。西西伯利亚、中亚、阿富汗有分布。

# 欧洲鳞毛蕨 *Dryopteris filix-mas* (L.) Schott

鳞毛蕨科　Dryopteridaceae　鳞毛蕨属　*Dryopteris* Adans.

植株高 50—100 厘米。根状茎短，斜升或几乎直立状，密被棕色、阔披针形或狭披针形、薄膜质、透明的全缘鳞片。叶簇生，草质，绿色，两面近光滑无毛；叶柄禾秆色，连同叶轴被鳞片和钻状鳞毛；叶片呈长圆形，向两端渐狭，二回羽状；羽片 20—30 对，互生，平展或斜展，中部羽片具短柄，基部近平截形，先端渐尖，一回羽状；小羽片 18—20 对，互生，斜展，长圆形，顶端钝，具齿牙，边缘有锯齿，基部下延成翅，无柄；叶脉呈羽状，表面凹陷，背面微隆起，侧脉分叉，不达叶边。孢子囊群呈圆形，着生于细脉分叉处，靠近羽轴成四行，上部羽片成两行；囊群盖呈圆肾形，淡褐色，膜质，边缘缺刻状，成熟后常脱落。孢子呈肾状卵圆形，具鸡冠状或钝的突起。

生于山地阴湿针叶林下或小河岸边，海拔 1500—1900 米，成群落分布。产于新疆福海、奇台、昌吉、塔城、和布克赛尔、博乐、霍城、尼勒克、新源、巩留等市（县）。广泛分布于中亚、西伯利亚、高加索、克里米亚，西欧、北非、美洲等地也有分布。

# 天山瓦韦 *Lepisorus albertii* (Regel) Ching

## 水龙骨科　Polypodiaceae　瓦韦属　*Lepisorus* (J. Smith) Ching

植株高 5—15 厘米。根状茎横走，密被覆瓦状鳞片；鳞片暗棕色，粗筛孔，膜质，卵状披针形，顶端长尾尖，边缘具芒状尖齿。叶互生，干后草质，易碎，冬季枯死，脱落；叶柄禾秆色，光滑无毛；叶片呈披针形，两面光滑，表面绿色，背面淡绿色，有时被膜质小鳞片，顶端钝，边全缘，透明，常外卷，基部呈尖楔形，不对称；中脉在表面凹陷，背面隆起，侧脉两面均不明显。孢子囊群呈圆形，彼此以两倍宽的间距分开，着生于中脉和叶缘之间，隔丝较根状茎的鳞片小，暗棕色，粗筛孔，卵状披针形，顶端长尾尖，边缘具丝状尖。

生于中山－亚高山林缘石缝中，海拔 1500—2500 米。产于新疆奇台、阜康（天池）、乌鲁木齐、昌吉（南山实习林场）、呼图壁、玛纳斯、沙湾、乌苏、精河（南山）、拜城、温宿（托木尔峰）等市（县）。分布于中哈边境地区。

## 驼绒藜 *Ceratoides latens* (J. F. Gmel.) Reveal et Holmgren

### 藜科 Chenopodiaceae 驼绒藜属 *Ceratoides* (Tourn.) Gagnebin

灌木或半灌木。茎直立，高 20—80 厘米，茎枝密被星状毛，枝斜伸或近平展，多集中于茎下部。单叶互生，具短柄，叶片呈条形、条状披针形、披针形或矩圆形，先端钝或急尖，基部渐狭，楔形或圆形，全缘，叶脉通常一条，有时近基部有两条侧脉，极稀为羽状，背腹两面密被星状毛。雄花序短而紧密；雌花管侧扁，椭圆形或倒卵形，角状裂片较长，其长为管长的 1/3 到近等长，果时外具 4 束长毛。花期 6—7 月。果直立，椭圆形，被毛，果期 8—9 月。

主要生于新疆北部海拔 200—1200 米的平原至低山，在天山南坡则上升到海拔 1800—2000 米，在昆仑山北坡更上升到海拔 2500 米，在阿克陶及乌恰一带则高达海拔 3200 米。大多见于山前平原、低山干谷、山麓洪积扇、河谷阶地沙丘到山地草原阳坡的砾质荒漠、沙质荒漠及草原地带。南、北疆普遍分布。产于新疆青河、富蕴、阿勒泰、布尔津、乌鲁木齐、玛纳斯、克拉玛依、沙湾、乌苏、精河、博乐、温泉、伊宁、巩留、特克斯、昭苏、和硕、和静、焉耆、库尔勒、轮台、拜城、温宿、阿克苏、沙雅、阿合奇、阿克陶、乌恰、策勒等市（县）。我国西北其他省份及内蒙古有分布。亚欧大陆的干旱地区也有分布。

# 角果藜 *Ceratocarpus arenarius* L.

藜科　Chenopodiaceae　角果藜属　*Ceratocarpus* L.

植株高 5—30 厘米。叶全缘，先端渐尖并具小尖头，基部渐狭，无柄。胞果呈楔形或倒卵形，顶端平截或凹，基部渐狭，无柄，密被星状毛，两角的针状附属物劲直或稍内弯。种子直立。花期 4—6 月，果期 6—10 月。

生于海拔 540—1100 米，基质多种多样，有固定及半固定沙丘、沙地（含盐土沙地）、黏土质撂荒地和干旱荒地、前山丘陵、洪积扇砾质荒漠。产于新疆富蕴、阿勒泰、哈巴河、奇台、阜康、乌鲁木齐、呼图壁、玛纳斯、石河子、塔城、裕民、沙湾、奎屯、乌苏、霍城、伊宁、察布查尔、巩留、特克斯、巴里坤、吐鲁番等市（县）。欧洲、高加索、中亚、西伯利亚、蒙古、伊朗有分布。

# 香藜 *Chenopodium botrys* L.

藜科　Chenopodiaceae　藜属　*Chenopodium* L.

一年生草本，高 20—50 厘米，黄绿色，全株有乳头状腺毛和强烈气味。茎直立，自基部多分枝，圆柱形或具棱，常有色条。叶互生，具长叶柄，叶片呈矩圆形，羽状深裂；裂片钝，通常具钝齿；花序上部的叶较小，披针形，分裂不明显或全缘。花两性，复二歧式聚伞花序生于枝条上部叶腋，再集成尖塔形圆锥状花序；花被片 5 片，少为 4 片，呈矩圆形，背面有密腺毛，无纵隆脊，边缘膜质，果时直立；雄蕊 1—3 枚；柱头二裂。花期 7—8 月。胞果呈扁球形，果皮膜质。种子横生，黑色，有光泽。果期 8—9 月。

生于海拔 400—1900 米的农田边、水渠旁、撂荒地、河岸、山间谷地、沙质坡地、干旱山坡、砾质荒漠及荒漠草原。产于新疆阿勒泰、布尔津、奇台、阜康、乌鲁木齐、玛纳斯、石河子、塔城、裕民、托里、沙湾、奎屯、精河、霍城、伊宁、托克逊、和静及疏勒等市（县）。蒙古、西伯利亚、中亚、伊朗有分布。

# 梭梭 *Haloxylon ammodendron* (C.A.Mey.) Bunge

## 藜科　Chenopodiaceae　梭梭属　*Haloxylon* Bge.

小乔木，高 1—9 米，树冠通常近半球形。木材坚而脆，老枝淡黄褐色或灰褐色，通常具环状裂隙；幼枝通常较白梭梭稍粗，往往斜升，具关节，干后通常有皱或小点。叶退化为鳞片状，呈宽三角形，稍开展，基部连合，边缘膜质，先端钝或尖（但无芒尖），叶腋间具棉毛。花单生叶腋，排列于当年生短枝上；小苞片呈舟状，宽卵形；花被片 5 片，呈矩圆形，背部生翅状附属物，在翅以上部分稍向内曲并围抱果实；翅膜质，褐色至淡黄褐色，肾形至近圆形，基部呈心形至楔形，通常平展，少数斜伸。花期 6—8 月。胞果黄褐色。种子黑色；胚陀螺状。果期 8—10 月。

生于海拔 450—1500 米的广大山麓洪积扇和淤积平原、固定沙丘、沙地、砂砾质荒漠、砾质荒漠、轻度盐碱土荒漠。产于新疆青河、富蕴、福海、布尔津、吉木乃、奇台、阜康、乌鲁木齐、昌吉、呼图壁、玛纳斯、和布克赛尔、裕民、托里、克拉玛依、沙湾、奎屯、乌苏、精河、霍城、伊宁、哈密、鄯善、托克逊、焉耆、库尔勒、若羌、轮台、库车、拜城、阿克苏等市（县）。常常在准噶尔盆地、塔里木盆地北缘及哈顺戈壁形成较大面积的梭梭荒漠。分布于我国内蒙古、甘肃、青海和宁夏。中亚和西伯利亚也有分布。

本种为荒漠地区优良固沙造林植物，也是良好的饲用植物，特别是骆驼喜食。木材坚实，为优良燃料。

# 戈壁藜 *Iljinia regelii* (Bunge) Korov.

藜科　Chenopodiaceae　戈壁藜属　*Iljinia* Korov.

半灌木，高 20—50 厘米。茎多分枝，老枝灰白色，通常具环状裂缝；当年生枝灰绿色，圆柱形，具微棱。叶肉质，近棍棒状，先端钝，基部下延，直或稍向上弧曲，叶腋具棉毛。花无柄，单生叶腋；小苞片背面中部肥厚并隆起，具膜质边缘；花被片背面的翅半圆形，干膜质，全缘或有缺刻；雄蕊 5 枚，花药先端具细尖状附属物；子房平滑无毛，柱头内侧有颗粒状突起。胞果呈半球形，顶面平或微凹，果皮稍肉质，黑褐色。种子横生，黄褐色。花果期 7—9 月。

生于海拔 500—1600 米的山前洪积扇砾石荒漠，在盐生荒漠、河漫滩沙地及干旱山坡也有少数出现。产于新疆奇台、和布克赛尔、塔城、奎屯、精河、伊犁、新源、伊吾、哈密、和硕、和静、库尔勒、轮台、阿图什、喀什等市（县）。常常以单优势种群落，形成较大面积的戈壁藜荒漠。我国甘肃西部有分布。蒙古、中亚也有分布。

# 准噶尔铁线莲 *Clematis songarica* Bunge

## 毛茛科 Ranunculaceae 铁线莲属 *Clematis* L.

直立小灌木，高 40—120 厘米。有棱，无毛或稍有柔毛。单叶对生或簇生；叶片薄革质，呈长圆状披针形、狭披针形至披针形，顶端锐尖或钝，基部渐成柄，叶分裂程度变异较大，茎下部叶子从全缘至边缘整齐的锯齿，茎上部叶子全缘、边缘轻齿裂至羽状裂。花序为聚伞花序或圆锥状聚伞花序，顶生；萼片 4 片，开展，白色或淡黄色，长圆状倒卵形至宽倒卵形，顶端常近截形而有凸头或凸尖。花期 6—7 月。瘦果略扁，卵形或倒卵形，密生白色柔毛，宿存花柱。果期 7—8 月。

生于荒漠低山麓前洪积扇，石砾质冲积堆以及荒漠河岸。产于新疆布尔津、吉木乃、奇台、吉木萨尔、阜康、米泉、乌鲁木齐、玛纳斯、石河子、塔城、托里、伊宁、察布查尔、特克斯、托克逊、和硕、轮台、叶城等市（县）。我国内蒙古西部有分布。蒙古、中亚荒漠地区也有分布。

# 暗紫耧斗菜 *Aquilegia atrovinosa* M. Pop.

毛茛科　Ranunculaceae　耧斗菜属　*Aquilegia* L.

根细长，呈圆柱形，外皮黑褐色。茎单一，直立，有纵槽，基部被伸展的短柔毛。基生叶少数，为二回三出复叶；叶片呈宽卵状三角形，中央小叶呈倒卵状楔形，顶端三浅裂，浅裂片有2—3个粗圆齿，侧面小叶呈斜倒卵状楔形，不等二浅裂，表面绿色，无毛，背面粉绿色，被极稀疏的长柔毛或近无毛；叶柄被伸展的柔毛，基部变宽成鞘。茎生叶少数，具短柄，分裂情况似基生叶。花1—5朵；苞片呈线状披针形；萼片深紫色，狭卵形，外面被微柔毛，顶端钝尖；花瓣与萼片同色，末端弯曲；退化雄蕊白色，膜质，雄蕊约瓣片等长，花药呈宽椭圆形，黄色，子房密被毛。花期6—7月。蓇葖长1.5—2.5厘米。

生于天山云杉林下和林缘，海拔1700—2600米。产于新疆奇台、乌鲁木齐（南山）、玛纳斯、沙湾、尼勒克、特克斯等市（县）。哈萨克斯坦有分布。

## 鳞果海罂粟 *Glaucium squamigerum* Kar. et Kir.

罂粟科　Papaveraceae　海罂粟属　*Glaucium* Mill.

二年生或多年生草本，高 15—40 厘米。茎多数，直立，不分枝，被白色软刺状毛，少无毛。基生叶多数，呈莲座状，蓝灰色，羽状深裂或浅裂，裂片呈三角形或卵形，边缘具少数粗锯齿，齿端具尖刺，叶两面被毛同茎上毛，叶柄边缘及沿背面叶脉尤多，叶上面有时无毛;茎生叶少，1—2 片或无，无柄，羽状裂或不裂，裂片前端具尖刺。花单生于茎顶，具长柄；花蕾呈矩圆状卵形，锐尖；萼片边缘白色，被鳞片，鳞片基部红褐色，早落；花瓣近圆形，淡黄色；雄蕊多数，花丝扁，淡黄色，向上渐宽，外短内长，花药淡黄色，矩形，基着生；雌蕊子房呈柱状，密被披针状鳞片，柱头黑色，二裂，两侧横延下倾。花瓣淡黄色。花期 4—5 月。蒴果呈角果状，直或弓形弯曲；果瓣由下向上开裂，开裂后胎座框与隔膜宿存；果瓣被或疏或密的白色鳞片；柱头两侧平直或下倾。种子呈肾状半圆形，淡黄色或褐色，有沿长轴弧形排列的蜂窝状饰纹。果期 6—7 月。

生于荒漠地区石质山坡、山前平原、戈壁和丘陵，海拔 1000—2000 米。产于新疆托里、裕民、博乐、温泉、精河、乌苏、沙湾、昌吉、乌鲁木齐、霍城、尼勒克、新源、特克斯、昭苏、吐鲁番、库车、乌恰等市（县）。哈萨克斯坦有分布。

# 野罂粟 *Papaver nudicaule* L.

罂粟科　Papaveraceae　罂粟属　*Papaver* L.

多年生草本，高 20—50 厘米。本种分布的海拔高度跨度大，随其分布高度的不同，植株的高矮、叶的大小变化幅度亦大。于根颈处分枝，地上成密丛。叶完全基生，二回羽状裂，第一回深裂，第二回仅下部裂片为半裂，裂片窄长圆形，顶端急尖，两面被稀疏的糙毛，叶柄扁平；上中部被毛同叶片，近基部变宽，仅具缘毛，基部近革质，宿存。花葶被糙毛，淡黄褐色，于近花蕾处特密；花蕾呈长圆形，被黑褐色糙毛，毛端常黄色；萼片边缘白色膜质；花冠大，黄色或橘黄色；雄蕊花丝细，黄色，花药呈矩形。花期 8 月。蒴果呈长圆形，基部稍细，遍布较短的刺状糙毛，柱头辐射枝 8 条，柱头面黑色。种子小。

生于森林带到高山草甸，海拔 1800—3400 米。产于新疆阿勒泰、哈巴河、布尔津、和布克赛尔、额敏、塔城、温泉、精河、乌鲁木齐、阜康、和硕、和静等市（县）。我国东北及内蒙古有分布。蒙古、西伯利亚也有分布。

# 烟堇 *Fumaria schleicheri* Soy.-Wil.

## 罂粟科　Papaveraceae　烟堇属　*Fumaria* L.

一年生草本，高 10—35 厘米，无毛。茎直立，由下向上均有分枝，于节部略作“之”字形曲折，有棱槽。二回复叶，一回羽片 2—4 对，二回小叶多三出，此羽片再深裂或半裂，末级裂片呈长圆状条形，先端急尖；二级小叶柄有时扭曲或近卷须状，缠于他物以攀缘。总状花序生于枝顶，每花下一片小苞片，小苞片窄，呈长三角形，长为花梗的一半或更短，全缘或有时有小齿，边缘膜质，花梗呈三角形，鳞片状，花瓣4片，紫色或淡紫色，排列成两轮，外轮远轴片呈披针状线形，顶端变厚而微拱，墨绿紫色，近轴片基部有粗矩，顶端变厚而略拱，墨绿紫色，与远轴片末端包伏于内轮花瓣端，内轮两片，条状，顶端粘合，墨绿紫色；雄蕊 6 枚，连合成两束，花丝扁平，下部变宽而成卵形，包贴在子房之外，上部窄细，近顶端三叉，花药细小，球形；雌蕊子房呈倒卵形，花柱细长。花色紫色或淡紫色。花期 4—5 月。果梗顶端稍膨大，常宿存，小坚果呈球形而稍扁，扁压方向与主轴垂直，有绕果一周的浅棱。种子一枚，扁圆形，种脐处黑色。

生于绿洲农区的田边、宅旁，山地草甸，海拔 600—1600 米。产于新疆福海、布尔津、和布克赛尔、温泉、精河、巴里坤、木垒、奇台、阜康、乌鲁木齐、昌吉、玛纳斯、乌苏、新源、库尔勒、阿克苏、喀什等市（县）。中亚、小亚细亚、东欧以及西欧均有分布。

# 菥蓂 *Thlaspi arvense* L.

## 十字花科 Cruciferae 菥蓂属 *Thlaspi* L.

一年生草本，高18—41厘米，无毛。茎直立，通常不分枝，或仅中上部分枝，具棱。基生叶呈长圆状倒卵形、倒披针形或披针形，基部呈箭形，抱茎，全缘或有疏齿。总状花序顶生；萼片呈卵形，黄绿色，具宽的膜质边缘；花瓣白色，长圆状倒卵形；雄蕊6裂，花药呈卵球形；侧蜜腺不连合，三角形，中蜜腺呈宽三角形。花期4—5月。短角果近圆形，扁压，周围具翅，花柱两侧无翅而下凹。种子每室6—8枚，长卵形，稍扁平，黄褐色，有指纹状条纹。果期5—7月。

生于平原地区农区的田中及田旁，有时也进入草甸，海拔400—1200米。产于新疆阿勒泰、塔城、博尔塔拉、伊犁、昌吉、哈密、吐鲁番、库尔勒、阿克苏、阿图什、喀什、和田等地州县。分布于我国各省。亚洲、欧洲、非洲都有分布。

全草、幼苗和种子均可入药。全草清热解毒，消肿排脓；种子利肝明目；嫩苗和中益气，利肝明目。

# 涩芥 *Malcolmia africana* (L.) R. Br.

十字花科　Cruciferae　涩芥属　*Malcolmia* R.Br.

一年生草本，高 5—35 厘米，被分枝毛与少数单毛。茎直立或近直立，多分枝，有细棱。叶具柄，有时近无柄，叶片呈长圆形或椭圆形，顶端急尖，基部呈楔形，边缘有波状齿或全缘。总状花序，排列疏松，果时特长；花梗短；萼片呈线状长圆形，内轮基部略成囊状，外轮顶端略作兜状；花瓣淡紫色或粉红色，窄倒卵状长圆形，顶端呈截形或钝圆，基部渐窄成爪；雄蕊花丝扁，花药呈长圆形，前端有小尖头，基部略开叉；子房呈圆筒形，花柱近无，柱头呈长锥形，显著。花期 5—6 月。果梗加粗；长角果呈细线状圆柱形，直或弯曲。种子每室一行，长圆形，浅棕色。

生于农田，也进入草场人畜活动处。产于新疆青河、霍城、伊宁、特克斯、新源、巩留、昌吉、乌鲁木齐、巴里坤、阿克苏、策勒等市（县）。分布在我国北方诸省。亚洲、非洲、欧洲均有分布。

# 大蒜芥 *Sisymbrium altissimum* L.

## 十字花科　Cruciferae　大蒜芥属　*Sisymbrium* L.

一年或二年生草本，高20—80厘米，茎下部及叶均散生长单毛，上部近无毛。茎直立，上部分枝。基生叶及下部茎生叶有柄，叶片羽状全裂或深裂，裂片呈长圆状卵形至卵圆状三角形，全缘或具不规则的波状齿；中上部茎生叶羽状全裂，裂片呈条形。花序顶生，花时为伞房状，果时伸长为总状；萼片呈长圆状披针形，外轮顶端呈兜状；花瓣黄色，后变为白色，呈长圆状倒卵形。花期4—5月。果梗斜展开，与角果近等粗；长角果近四棱状，直或微曲；花柱近无。种子呈长圆形，淡黄褐色。

生于荒漠草原带的草甸、荒地、路边，海拔600—1500米。产于新疆温泉县及伊犁地区各县。分布在我国辽宁。中亚、西伯利亚、印度、阿富汗、欧洲及北美洲也有分布。

# 播娘蒿 *Descurainia sophia* (L.) Webb. ex Prantl

## 十字花科　Cruciferae　播娘蒿属　*Descurainia* Webb. et Berth.

一年生草本，高 20—80 厘米，有毛或无毛，毛为叉状毛，以下部茎生叶为多，向上渐少。茎直立，分枝多，常于下部呈淡紫色。

叶为三回羽状深裂；末回裂片呈条形或长圆形，下部叶具柄，上部叶无柄。花时为伞房状，果时伸长成总状；萼片直立，早落，长圆状条形，背面有分叉的细柔毛；花瓣黄色，长圆状倒卵形，稍短于萼片，具爪；雄蕊长于花瓣的 1/3。花期 4—5 月。长角果呈圆筒状，无毛，稍内曲，与果梗不成直线；果瓣中脉明显。种子小，长圆形，稍扁，淡红褐色，表面有细网纹。

生于农业区农田及低海拔的草甸、林缘，海拔 500—1500 米。产于新疆富蕴、阿勒泰、塔城、博乐、霍城、伊宁、特克斯、新源、昭苏、巩留、奎屯、沙湾、玛纳斯、石河子、昌吉、乌鲁木齐、阜康、奇台、和硕、和静、阿克苏、乌恰等市（县）。分布在我国广大地区（仅华南无分布）。亚洲、欧洲、非洲、北美洲均有分布。

种子含油 40%，可供工业用，亦可食用。种子药用可利尿消肿，祛痰定喘。

# 圆叶八宝 *Hylotelephium ewersii* (Ldb. ) H. Ohba.

景天科　Crassulaceae　八宝属　*Hylotelephium* H. Ohba.

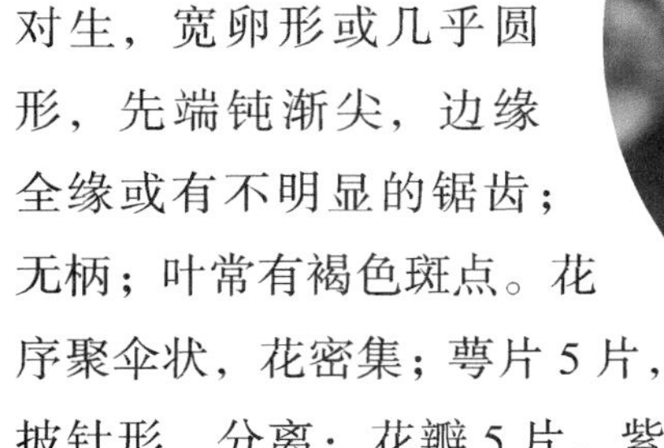

多年生草本。根状茎木质，分枝，根细，绳索状。茎多数，近基部木质而分枝，紫棕色，上升，无毛。叶对生，宽卵形或几乎圆形，先端钝渐尖，边缘全缘或有不明显的锯齿；无柄；叶常有褐色斑点。花序聚伞状，花密集；萼片 5 片，披针形，分离；花瓣 5 片，紫红色，卵状披针形，急尖；雄蕊 10 枚，比花瓣短，花丝浅红色，花药紫色；鳞片 5 片，卵状长圆形。花期 7—8 月。蓇葖 5 枚，直立，有短喙，基部狭。种子呈披针形，褐色。

生于山坡石缝、林下石质坡地、山谷石崖、河沟水边，海拔 4000—4200 米。分布于天山、准噶尔阿拉套山、阿尔泰山、帕米尔山地。产于新疆阿勒泰、布尔津、哈巴河、木垒、奇台、阜康、乌鲁木齐、玛纳斯、石河子、和布克赛尔、塔城、托里、乌苏、精河、博乐、温泉、霍城、尼勒克、新源、特克斯、昭苏、巩留、伊吾、哈密、巴里坤、都善、和硕、和静、拜城、温宿、阿克陶、乌恰、塔什库尔干等市（县）。巴基斯坦、蒙古、俄罗斯、哈萨克斯坦、吉尔吉斯斯坦、塔吉克斯坦、阿富汗也有分布。

# 杂交景天 *Sedum hybridum* L.

景天科　Crassulaceae　景天属　*Sedum* L.

多年生草本。根状茎长，分枝，木质，呈绳索状，蔓生。茎斜升，匍匐茎生根；不育枝短；花枝高达 30 厘米。叶互生，呈匙状椭圆形至倒卵形，先端钝，基部呈楔形，边缘有钝锯齿。花序聚伞状，顶生；萼片 5 片，线形或长圆形，不等长；花瓣 5 片，黄色，披针形；雄蕊 10 枚，与花瓣等长或稍短；花药橙黄色；鳞片小，横宽；心皮 5 个，黄绿色，稍开展，花柱细长。花期 6—7 月。种子呈椭圆形，成熟后呈星芒状开展，基部合生。种子小，椭圆形。果期 8—10 月。

生于山沟水边、山坡石缝、碎石质草地、山谷阴处，海拔 730—2700 米。分布于天山北坡、准噶尔阿拉套山、阿尔泰山。产于新疆青河、富蕴、福海、阿勒泰、布尔津、哈巴河、吉木乃、阜康、乌鲁木齐（米东区）和布克赛尔、塔城、裕民、托里、博乐、温泉、霍城、伊宁、察布查尔、尼勒克等市（县）。蒙古、俄罗斯、哈萨克斯坦、吉尔吉斯斯坦也有分布。

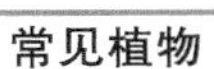

# 零余虎耳草 *Saxifraga cernua* L.

虎耳草科　Saxifragaceae　虎耳草属　*Saxifraga* Tourn. ex L.

多年生草本，高 5—28 厘米。被腺柔毛；叶腋部具珠牙，有时发出匍匐枝。基生叶具长柄，叶片呈肾状，常 5—7 个掌状浅裂，两面及叶缘均具腺毛；茎下部叶与基生叶同形，向上渐变小，叶片由浅裂渐变为全缘，叶柄亦渐短。单花生于茎顶或枝顶端，或 2—5 个聚伞花序；苞腋具珠芽；花梗、花萼背面及边缘具腺毛；花瓣白色或淡黄色，倒卵形，先端微凹或钝，基部渐狭具爪，3—10 条脉。花果期 7—9 月。

生于高山冰碛阶地、高山和亚高山草甸、沼泽草甸及云杉林下，海拔 2100—4500 米。产于新疆木垒、奇台、乌鲁木齐、玛纳斯、和布克赛尔、昭苏、温泉、巴里坤、和硕、阿克陶、塔什库尔干等市（县）。分布于天山及帕米尔地区。印度、不丹、朝鲜、日本、俄罗斯及北半球其他高山地区和寒带也有分布。

# 毛叶栒子 *Cotoneaster submultiflorus* M. Popov

## 蔷薇科　Rosaceae　栒子属　*Cotoneaster* B.Ehrhart

灌木，高 1—2 米。小枝棕褐色或灰褐色，幼时密被柔毛，后脱落无毛。叶片呈卵形、菱状卵形或椭圆形，先端钝或尖，基部呈宽楔形，上面无毛或有疏毛，下面具短茸毛；托叶呈披针形，早落。多花的聚伞花序；总花梗与花梗具柔毛；苞片呈线形，具柔毛；萼筒与萼片外面均被柔毛；花瓣平展，先端圆钝或微缺，白色；花柱二裂，离生，稍短于雄蕊；子房先端有短柔毛。花期 5—6 月。果实近球形，鲜红色，具二核。果期 9 月。

生于谷地灌丛。产于新疆伊犁地区。分布于我国西北各省。中亚也有分布。

# 黄果山楂 *Crataegus chlorocarpa* Lenne et C. Koch

蔷薇科 Rosaceae 山楂属 *Crataegus* L.

乔木，高3—7米，植株上部无刺，下部萌条多刺。小枝粗壮，棕红色，有光泽；冬芽近球形，红褐色。叶片呈阔卵形或三角状卵形，基部呈楔形或宽楔形，常2—4裂，基部两对深裂，裂片平展，边缘有疏锯齿，上面被疏柔毛，下面脉腋有毛丛；托叶大型，呈镰刀状，边缘有腺齿。复伞房花序，花多密集；花梗无毛；苞片呈钎形，膜质，边缘有腺齿；萼筒呈钟状，萼片呈三角状卵形，短于萼筒，先端渐尖，全缘，无毛；花瓣近圆形，白色；雄蕊20枚，稍短于花瓣;花柱4—5裂，子房上部有疏柔毛。花期5—6月。果实呈球形，金黄色，无汁，粉质；萼片宿存，反折；小核4—5个，内面两侧有洼痕。果期8—9月。

生于林缘、谷地及山间台地，海拔500—1900米。平原地区常见栽培。产于新疆乌鲁木齐、昌吉、玛纳斯、塔城等市（县）。中亚有分布。

# 天山花楸 *Sorbus tianschanica* Rupr.

蔷薇科　Rosaceae　花楸属　*Sorbus* L.

小乔木，高 3—5 米。小枝粗壮，褐色或灰褐色，嫩枝红褐色，初时有茸毛，后脱落；芽呈长卵形，较大，外被白色柔毛。奇数羽状复叶，有小叶 6—8 对，卵状披针形，先端渐尖，基部呈圆形或宽楔形，边缘有锯齿，近基部全缘，有时从中部以上有锯齿，两面无毛，下面色淡，叶轴微具窄翅，上面有沟，无毛；托叶呈线状披针形，早落。复伞房花序；花轴和小花梗常带红色，无毛；萼片外面无毛；花瓣呈卵形或椭圆形，白色；雄蕊 15—20 枚，短于花瓣；花柱常 5 裂，基部被白色茸毛。花期 5 月。果实呈球形，暗红色，被蜡粉。果期 8—9 月。

生于林缘或林中空地，海拔 1800—2800 米。产于新疆巴里坤、沙湾、阜康、新源等市（县），较普遍。中亚有分布。

## 新疆野苹果 *Malus sieversii*(Ledeb.)M. Roem.

蔷薇科　Rosaceae　苹果属　*Malus* Mill.

乔木，高 4—12 米。树冠开阔，树皮暗灰色。枝有短茸毛；冬芽呈卵形，先端钝，被柔毛，暗红色。叶片呈阔披针形或长圆状椭圆形，长 10 厘米，宽 3—5 厘米，先端尖，基部呈楔形，边缘具钝锯齿，叶下面有疏茸毛，幼叶较密；叶柄长 1.5—4 厘米，疏生柔毛；托叶膜质，披针形，边缘有毛，早落。伞房花序，具花 3—6 朵，花短粗，长约 15 厘米，密被白色茸毛；花直径 3—3.5 厘米；萼筒钟状，外面被毛，萼片三角形，全缘；花瓣呈倒卵形，粉白色；雄蕊 20 枚，花柱 5 裂，基部具白色密茸毛。花期 5 月。果实呈球形或扁球形，直径 3—4 厘米，黄绿色，有时有红晕，花梗微被茸毛。果期 7—9 月。

生于山间谷地、阴坡和半阴坡，海拔 1100—1400 米，在新疆天山西部伊犁谷地和准噶尔西部山地组成大面积纯林，为古亚热带的残遗阔叶林。

# 二裂委陵菜 *Potentilla bifurca* L.

## 蔷薇科 Rosaceae 委陵菜属 *Potentilla* L.

多年生草本，高 5—15 厘米。根圆柱形，纤细，木质。茎直立或铺散，密被长柔毛或微硬毛。奇数羽状复叶，有小叶 3—6 对，全缘或先端二裂，两面被疏柔毛或背面有较密的伏贴毛；下部叶托叶膜质，褐色，被毛，上部茎生叶托叶草质，绿色，卵状椭圆形，常全缘稀有齿。聚伞花序，顶生，疏散；萼片呈卵圆形，顶端急尖，副萼片呈卵圆形，顶端急尖或钝，比萼片短或近等长，外面被疏毛；花瓣黄色，倒卵形，顶端圆钝，比萼片稍长；心皮沿腹部有稀疏柔毛；花柱侧生，棒状，基部较细，顶端缢缩，柱头扩大。花期 5—7 月。瘦果表面光滑。果期 8—10 月。

生于干旱草原、碎石山坡、河滩地、平原荒地，海拔 800—3100 米。产于新疆布尔津、哈巴河、阜康、乌鲁木齐、石河子、和布克赛尔、巩留、巴里坤、和硕、和静、乌恰、塔什库尔干、策勒等市（县）。分布于我国东北、西北、华北各省。中亚、小亚细亚、伊朗、高加索以及欧洲南部也有分布。

# 疏花蔷薇 *Rosa laxa* Retz.

蔷薇科 Rosaceae 蔷薇属 *Rosa* L.

灌木，高 1—2 米。当年生小枝灰绿色，具有细直的皮刺，在老枝上刺坚硬，呈镰刀状弯曲，基部扩展，淡黄色。小叶 5—9 片，呈椭圆形、卵圆形或长圆形，少数倒卵形，先端钝圆，基部近圆形或宽楔形，边缘有单锯齿，两面无毛或下面稍有茸毛；叶柄有散生皮刺、腺毛或短柔毛；托叶具耳；边缘有腺齿。伞房花序，有花 3—6 朵，少单生，白色或淡粉红色；苞片呈卵形，有柔毛和腺毛；花梗常有腺毛和细刺；花托呈卵圆形或长圆形，常光滑，有时有腺毛；萼片呈披针形，全缘，被疏柔毛和腺毛。花期 5—6 月。果呈卵球形或长圆形，红色，萼片宿存。果期 7—8 月。

生于山坡灌丛、林缘及干河沟旁。平原地区有栽培。产于新疆布尔津、奇台、和布克赛尔、塔城、博乐、乌鲁木齐、察布查尔、和硕、伊吾等市（县）。中亚、西伯利亚、蒙古有分布。

# 伊犁蔷薇 *Rosa silverhjelmii* Schrenk

## 蔷薇科　Rosaceae　蔷薇属　*Rosa* L.

灌木，高达 1.5 米。具半缠绕的枝条，去年生枝条淡棕绿色，后变为褐色；刺稀疏，成对，几同形，呈镰刀状弯曲，托叶具耳，光滑，有时边缘具细腺点。小叶 2—3 对，窄椭圆形，边缘具单锯齿，近基部全缘，两面无毛，叶柄稍有茸毛。花单生或呈伞房花序，白色；花梗常无毛；苞片呈阔披针形或窄披针形，具茸毛；萼片先端渐尖，被短茸毛；柱头聚成疏松头状，微伸出花盘。花期 5—7 月。果近球形，表面光滑，成熟黑色，萼片脱落。果期 8—10 月。

生于谷地灌丛或河滩地。产于新疆伊犁（恰甫其海）。中亚有分布。

# 龙芽草 *Agrimonia pilosa* Ledeb.

## 蔷薇科　Rosaceae　龙芽草属　*Agrimonia* L.

多年生草本，高 30—100 厘米。具根状茎。茎单生或丛生，常分枝，被淡黄色开展的柔毛。叶为间断奇数羽状复叶，中间掺杂生有较小叶片，有小叶 5—11 枚，小叶呈倒卵形、倒卵状椭圆形或菱状倒卵形，顶端尖或钝圆，基部呈楔形，边缘有锯齿，上面被疏柔毛或几乎无毛；下面淡绿色，沿脉有密的伏生柔毛和腺点；托叶呈镰形，边缘有尖锯齿或裂片，少全缘。茎下部托叶有时呈卵状披针形，多全缘。花序顶生，分枝或不分枝，花序轴被柔毛；苞片三裂，线形，小苞片呈卵形，全缘或分裂；萼筒外面具 10 条纵沟，萼筒顶端边缘具钩状刺；萼片 5 片，呈卵状三角形，具脉纹；花瓣黄色，长圆形；雄蕊 5~10 枚；花柱顶生，二裂，柱头呈头状。花期 6—7 月。瘦果呈倒圆锥形，下垂，钩状刺直立，成熟时合拢。果期 8—9 月。

生于溪旁、谷地草丛或林缘，海拔 1000—2800 米。产于新疆青河、富蕴、阿勒泰、木垒、奇台、昌吉、塔城等市（县），甚为普遍。分布于我国南北各省。欧洲中部、蒙古、朝鲜、日本也有分布。

# 高山地榆 *Sanguisorba alpina* Bunge

## 蔷薇科　Rosaceae　地榆属　*Sanguisorba* L.

多年生草本，高 30—80 厘米。根粗壮，圆柱形。茎单生或上部分枝，基部稍有毛。奇数羽状复叶，有小叶 11—17 枚，小叶呈椭圆形或长椭圆形，基部呈截形或微心形，顶端呈圆形，边缘有缺刻状尖锯齿，两面绿色，无毛；茎生叶与基生叶相似；基生叶托叶膜质，黄褐色，茎生叶托叶草质，绿色，卵形或半球形，边缘有缺刻状尖锯齿。穗状花序，圆柱形，少数椭圆形，从基部向上开放，花后伸长下垂；苞片淡黄色，卵状披针形或匙状披针形，边缘及外面被柔毛；萼片呈花瓣状，白色、黄绿色或微带粉红色，卵形；雄蕊 4 枚，花丝下部扩大，比萼片长 2—3 倍。花期 6—8 月。瘦果被柔毛，具棱，萼片宿存。果期 9 月。

生于中山带草原及谷地灌丛，海拔 1700—2800 米。产于新疆阿勒泰、和布克赛尔、塔城、巩留、昭苏等市(县)。分布于我国宁夏、甘肃等地。中亚、西伯利亚、蒙古也有分布。

# 天山羽衣草 *Alchemilla tianschanica* Juz.

蔷薇科　Rosaceae　羽衣草属　*Alchemilla* L.

多年生草本，高 20—50 厘米，植株黄绿色。茎长于基生叶叶柄（甚至超过 1 倍）。基生叶直立或向外倾；叶柄密被平展的柔毛；叶片呈圆形或肾形，7—9 个浅裂，裂片呈半圆形或尖卵形，边缘有细锯齿，基部直角开展或呈窄槽，上面无毛；下面被散生或较密柔毛，沿中脉具平展的柔毛，茎生叶数枚；托叶具尖齿。花序小，为多花紧密的聚伞花序；花序梗细，有棱角；花黄绿色，花梗等于或短于萼筒，光滑；萼筒呈圆锥形，无毛或仅在基部有开展的柔毛；萼片短于萼筒，宽卵形，无毛或被毛，副萼片小，比萼片短、窄（短于萼片的 1/2）。花期 7—8 月。

生于山间溪旁草丛或山坡草地及林缘，海拔 1600—2400 米。产于新疆乌鲁木齐、和布克赛尔、塔城、新源、巩留、昭苏等市（县）。中亚山地有分布。

# 角茴香 *Hypecoum erectum* L.

## 罂粟科　Papaveraceae　角茴香属　*Hypecoum* L.

一年生草本，高 10—30 厘米。茎多数，外倾或铺散，上部分枝或不分枝。呈莲座状，稍肉质，二至三回羽状复叶，裂片呈细线状，先端尖；茎生叶少数，无柄而同形。二歧聚伞花序，常数个簇生茎顶；每花具苞片，苞片似叶而二回羽状裂，无柄；花淡黄色；萼片呈披针状卵形，先端具膜质边缘，中脉清楚；花瓣外轮呈倒三角形，顶端截形而不裂，中间为三角形突起，末端加厚而色深暗，内轮花瓣长 8—9 毫米，三深裂，中间裂片向上渐宽而成兜状，深黄色；雄蕊 4 枚，花丝扁平，中部略变窄，花药细长，底着生，顶端有一膜质小附器；雌蕊呈细线状，柱头二裂。花期 4—6 月。果柄向末端微变粗，直或微曲，但果实不下垂；蒴果呈线形，纵裂。种子呈矩形，黑褐色，表面有“X”形突起。

生于砾质荒漠及沙丘间，为早春的短命植物，海拔 400—800 米。产于新疆布尔津、阜康。分布于我国华北、西北及华中诸省。蒙古与西伯利亚也有分布。

# 银砂槐 *Ammodendron bifolium* (Pall.) Yakovlev

豆科　Leguminosae　银砂槐属　*Ammodendron* Fisch. ex DC.

灌木，高 30—150 厘米。枝和叶被银白色短柔毛。复叶，仅有小叶两枚，顶生小叶退化成锐刺；托叶变成刺，宿存；叶柄与小叶等长，极少较长或较短；小叶对生，呈倒卵状长圆形或倒卵状披针形，先端钝圆，具小硬尖头，基部渐狭成楔形，两面被灰色或银白色短绢毛；无小托叶。总状花序顶生；花萼呈浅杯状，萼齿 5 枚，呈三角形，与萼管近等长；花冠深紫色，旗瓣近圆形，较翼瓣和龙骨瓣稍短，翼瓣呈长圆状倒卵形，龙骨瓣先端钝圆；雄蕊 10 枚，分离宿存；子房疏被短毛。花期 5—6 月。荚果扁平，长圆状披针形，无毛或在近果梗处疏被柔毛，沿缝线具两条狭翅，不开裂；种子 1—2 枚。果期 6—8 月。

生于较干旱的沙石、沙漠地带。产于新疆霍城。哈萨克斯坦有分布。

# 苦豆子 *Sophora alopecuroides* L.

## 豆科　Leguminosae　苦参属　*Sophora* L.

草本，或基部木质化成亚灌木状，高约 1 米。枝被白色或淡灰白色长柔毛或贴伏柔毛。羽状复叶；托叶着生于小叶柄的侧面，钻状，常早落；小叶 7—13 对，对生或近互生，纸质，披针状长圆形或椭圆状长圆形，先端钝圆或急尖，常具小尖头，基部呈宽楔形或圆形，面被疏柔毛，下面被毛较密，中脉上面常凹陷，下面隆起，侧脉不明显。总状花序顶生；花多数，密生；苞片似托叶，脱落；花萼呈斜钟状，5 齿明显，不等大，三角状卵形；花冠白色或淡黄色；旗瓣形状多变，通常为长圆状倒披针形，先端圆或微缺，或明显呈倒心形，基部渐狭或骤

狭成柄；翼瓣常单侧生，少数近双侧生，卵状长圆形，具三角形耳，皱褶明显；龙骨瓣与翼瓣相似，先端明显具突尖，背部明显呈龙骨状，柄纤细，长约为瓣片的1/2，具一个三角形耳，下垂；雄蕊10枚，花丝不同程度连合，有时近二体雄蕊，连合部分疏被极短毛；子房密被白色近贴伏柔毛，柱头呈圆点状，被稀少柔毛。花期5—6月。荚果呈串珠状，直；具多数种子。种子呈卵球形，稍扁，褐色或黄褐色。果期8—10月。

生于干旱沙漠和草原边缘地带。产于新疆各地。分布于我国内蒙古、山西、河南、陕西、宁夏、甘肃、青海、西藏等地。俄罗斯、中亚各国、阿富汗、伊朗、土耳其、巴基斯坦和印度（北部）也有分布。

本种耐寒、耐碱性强，生长快，在黄河两岸常栽培以固定土壤；甘肃一些地区又作药用。

# 百脉根 *Lotus corniculatus* L.

## 豆科　Leguminosae　百脉根属　*Lotus* L.

多年生草本，高 15—50 厘米；全株散生稀疏白色柔毛或秃净。具主根。茎丛生，平卧或上升，实心，近四棱形。羽状复叶小叶 5 枚；叶轴疏被柔毛，顶端小叶三枚，基部两枚小叶呈托叶状，纸质，斜卵形至倒披针状卵形，中脉不清晰；小叶柄甚短，密被黄色长柔毛。伞形花序；3—7 朵花集生于总花梗顶端；花梗短，基部有苞片三片；苞片呈叶状，与花萼等长，宿存；花萼呈钟形，无毛或稀被柔毛，萼齿近等长，狭三角形，渐尖，与萼筒等长；花冠黄色或金黄色，干后常变蓝色；旗瓣呈扁圆形，瓣片和瓣柄几乎等长；翼瓣和龙骨瓣等长，均略短于旗瓣；龙骨瓣呈直角三角形弯曲，喙部狭尖；雄蕊二体，花

丝分离部略短于雄蕊筒；花柱直，等长于子房，成直角上指，柱头呈点状；子房呈线形，无毛，胚珠35—40枚。花期5—9月。荚果直，线状圆柱形，褐色，二瓣裂，扭曲；种子多数。种子细小，卵圆形，灰褐色。果期7—10月。

生于湿润而呈弱碱性的山坡、草地、田野、沼泽地或河滩地。产于中国西北、西南和长江中上游各省。亚洲、欧洲、北美洲和大洋洲均有分布。

本种是良好的饲料，茎叶柔软多汁，碳水化合物含量丰富，质量超过苜蓿和车轴草。生长期长，抗寒耐涝，在暖温带地区的豆科牧草中花期较早，到秋季仍能生长，茎叶丰盛，年割草可达4次。由于花中含有苦味苷和氢氰酸，故盛花期时牲畜不愿啃食，但干草或经青贮处理后，毒性即可消失。具根瘤菌，有改良土壤的功能；是优良的蜜源植物之一。

# 黄花草木樨 *Melilotus officinalis* (L.) Desr.

豆科　Leguminosae　草木樨属　*Melilotus* Mill.

一年生或二年生草本，高 1—2 米；全草具香气。茎直立，多分枝，上部被疏毛。羽状三出复叶，小叶片呈椭圆形，先端圆，具短尖头，边缘具齿；托叶呈三角形，全缘。总状花序腋生，短穗状；花梗弯生；花萼呈钟形，尊齿呈三角形。花冠黄色，旗瓣与翼瓣近等长。荚果呈卵圆形，稍有毛，表面具明显网脉；种子一枚。种子呈矩圆形，淡黄褐色。花果期 6—8 月。

野生于中山带以下的阴湿谷地、河旁疏林下及农田边缘、渠旁、路边。新疆各地广为栽培。我国长江流域以南各省，东北、华北、西北及西藏等地有栽培。亚洲、欧洲均有分布。

# 紫花苜蓿 *Medicago sativa* L.

豆科　Leguminosae　苜蓿属　*Medicago* L.

多年生宿根性草本，根系发达，呈圆锥形，主根可深入土中达数米。茎直立或斜升，基部多分枝，光滑或微被柔毛。羽状三出复叶，小叶片呈长卵形、倒卵状圆形或倒披针形，先端钝圆，基部狭窄，楔形，上部叶缘有锯齿，两面均有白色长柔毛；托叶呈披针形，常被柔毛，先端尖，下部具齿，以至达到深裂。总状花序腋生，卵状矩圆形，短而疏松，含花5—30朵，花序梗长于花柄；花萼筒呈钟形，萼齿呈窄披针形，比萼筒长；花冠紫色。荚果螺旋状盘曲2—6圈，成熟后黑褐色，稍有毛；种子2—8枚。种子呈卵状肾形，黄色、黄绿色或黄褐色。花果期6—9月。

生于新疆山地草甸、草甸草原、山地和平原河谷灌丛草甸中，海拔2000—3000米。作为栽培牧草在新疆广泛种植；我国东北、华北、西北各省和江苏（北部）都有种植；世界各国均有栽培。原产于小亚细亚、外高加索、伊朗和土库曼高地。

本种已有2000年栽培历史，品种资源丰富，是重要的牧草和蜜源植物。

# 白车轴草 *Trifolium repens* L.

## 豆科　Leguminosae　车轴草属　*Trifolium* L.

多年生草本，高 10—30 厘米。茎匍匐，无毛，节上生不定根叶及花序。掌状三出复叶，具叶柄；小叶片呈宽椭圆形、倒卵形至近圆形，先端圆或凹陷，基部呈楔形，边缘有细锯齿，上面具灰绿色“V”形斑，两面几乎无毛；托叶呈卵状披针形，膜质，抱茎。头状花序由 20—80 朵花密集成球形，从匍匐茎伸出；花萼呈针形，萼齿呈三角状披针形，较萼筒稍短；花冠白色、黄白色或淡粉红色；旗瓣呈椭圆形，长于翼瓣；子房呈线状长圆形，花柱长而稍弯。荚果呈长圆形，包被于膜质宿萼内；种子 2—4 枚。种子近圆形，褐色。花果期 5—9 月。

生于新疆平原绿洲及天山、阿尔泰山、准噶尔（西部山地）和帕米尔，海拔 400—2900 米。产于新疆阿勒泰、青河、富蕴、福海、布尔津、哈巴河、奇台、吉木萨尔、阜康、乌鲁木齐、玛纳斯、石河子、精河、额敏、塔城、博乐、温泉、霍城、新源、特克斯、昭苏、巴里坤、喀什、塔什库尔干等市（县）。我国东北、华北、华东、西南、华南各省有分布。日本、蒙古、伊朗、印度、中亚、北非及欧洲各国也有分布。

全草可入药；可治疗妇科病、疝痛、肺结核、感冒等；花和种子也作抗癌及肿瘤用药。

# 苦马豆 *Sphaerophysa salsula* (Pall.) DC.

豆科　Leguminosae　苦马豆属　*Sphaerophysa* DC.

半灌木或多年生草本。茎直立或下部匍匐，0.3—0.6 米，少数可达 1.3 米。枝开展，具纵棱脊，被疏至密的灰白色丁字毛。托叶呈线状披针形、三角形至钻形，自茎下部至上部渐变小；叶轴上面具沟槽；小叶 11—21 枚，倒卵形至倒卵状长圆形，先端微凹至圆，具短尖头，基部圆至宽楔形，上面疏被毛至无毛，侧脉不明显，下面被细小、白色丁字毛；小叶柄短，被白色细柔毛。总状花序常较叶长，生花 6—16 朵；苞片呈卵状披针形；花梗密被白色柔毛，小苞片呈线形至钻形；花萼呈钟状，萼齿呈三角形，上边两齿较宽短，其余较窄长，外面被白色柔毛；花冠初呈鲜红色；后变紫红色；旗瓣瓣片近圆形，向外反折，先端微凹，基部具短柄；翼瓣较龙瓣短，先端圆，基部具微弯的瓣柄及先端圆的耳状裂片；龙骨瓣裂片近成直角，先端钝；子房近线形，密被白色柔毛，花柱弯曲，仅内侧疏被纵列髯毛，柱头近球形。花冠初呈鲜红色，后变紫红色。花期 5—8 月。荚果呈椭圆形至卵圆形，膨胀，先端圆，果瓣膜质，外面疏被白色柔毛，缝线上较密。种子呈肾形至近半圆形，褐色，种脐圆形凹陷。果期 6—9 月。

生于山坡，草原，荒地，沙滩，戈壁绿洲，湿地，沟渠旁，河、湖岸边及盐池周围，海拔960—3180米。产于新疆各地。我国吉林、辽宁、内蒙古、河北、山西、陕西、宁夏、甘肃及青海有分布。俄罗斯、蒙古、中亚也有分布。

植株作绿肥，可作为骆驼、山羊与绵羊的饲料；地上部分含球豆碱，入药可用于产后出血、子宫松弛及高血压等的治疗，亦可代替麦角。青海西宁西郊民间煎水服用，用以催产。

# 铃铛刺 *Halimodendron halodendron* (Pall.) Voss.

豆科　Leguminosae　铃铛刺属　*Halimodendron* Fisch. ex DC.

灌木，高 0.5—2 米。树皮暗灰褐色。分枝密，具短枝；长枝褐色至灰黄色，有棱，无毛；当年生小枝，密被白色短柔毛。叶轴宿存，呈针刺状；小叶呈倒披针形，顶端圆或微凹，有凸尖，基部呈楔形，初时两面密被银白色绢毛，后渐无毛；小叶柄极短。总状花序生花 2—5 朵；总花梗密被绢质长柔毛；花梗细；小苞片呈钻状；花萼密被长柔毛，基部偏斜，萼齿呈三角形；旗瓣边缘稍反折，翼瓣与旗瓣近等长，龙骨瓣较翼瓣稍短。花期 7 月。荚果背腹稍扁，两侧缝线稍下凹，无纵隔膜，先端有喙，基部偏斜，裂瓣通常扭曲；种子小，微呈肾形。果期 8 月。

生于荒漠盐化沙土和河流沿岸的盐质土上，也常见于胡杨林下。新疆各地、内蒙古和甘肃均有分布。俄罗斯、中亚、伊朗和蒙古也有分布。

本种可用于改良盐碱土和作固沙植物，并可栽培作绿篱。

# 尖舌黄芪 *Astragalus oxyglottis* Steven

## 豆科　Leguminosae　黄芪属　*Astragalus* L.

一年生草本，被白色短伏毛。茎上升或直立，由基部开始分枝。羽状复叶，有小叶 9—17 枚；托叶分离，披针形，具缘毛；小叶呈狭倒卵状楔形，先端近截形而微缺，基部呈楔形；小叶柄很短。总状花序呈头状，生花 3—6 朵，有时在同一总花梗上部出现 2—3 层花序叠生；苞片呈卵形；花梗很短；花萼呈钟状，萼齿呈钻状；花冠淡紫色；旗瓣呈倒卵形，先端微缺，基部呈宽楔形，瓣柄不明显；瓣片呈长圆形，先端圆；龙骨瓣片近倒卵形，先端钝；子房无柄，光滑无毛。花期 4—7 月。荚果 4—5 个成簇，平展再上弯，披针状长圆形，先端锐尖，稍内曲，具棱，无毛，背部有深沟，有皱纹二室；种子十余枚。种子深褐色，卵状肾形，平滑。果期 6—7 月。

生于新疆准噶尔盆地东部的沙地、天山北坡低山及洪积扇，海拔 500—1100 米。产于新疆富蕴、吉木萨尔、阜康、乌鲁木齐、石河子、沙湾等市（县）。俄罗斯、哈萨克斯坦、吉尔吉斯斯坦、塔吉克斯坦、乌兹别克斯坦、土库曼斯坦、阿富汗、巴基斯坦、伊朗、亚美尼亚、阿塞拜疆、格鲁吉亚、土耳其、伊拉克、叙利亚等地均有分布。

# 球脬黄芪 *Astragalus sphaerophysa* Kar. et Kir.

豆科　Leguminosae　黄芪属　*Astragalus* L.

多年生草本，高 30—50 厘米。茎直立，具细槽，被开展白色长柔毛。羽状复叶，有小叶 9—11 枚；托叶呈三角状披针形或线状披针形，先端长渐尖，基部与叶柄合生，被白色柔毛；连叶轴被白色长柔毛，少数近无毛；小叶近对生，圆形或宽倒卵形，先端圆形，基部宽形，上面无毛，下面密被长柔毛；小叶柄很短。总状花序密集呈圆形或椭圆形，生 20—25 朵花，稠密，较叶短 1/3；无总花梗，疏被长柔毛；苞片呈线状披针形或钻形，先端长渐尖，具缘毛；花梗长约 1 毫米；小苞片呈钻形，具白色长缘毛；花萼在花期时即膨胀，花期后扩大呈圆球形，散生白色柔毛，膜质，具网脉，萼筒呈齿线状披针形，缘和喉部均被白色长柔毛；花冠淡黄色；旗瓣呈倒卵状匙形，瓣片近圆形，先端微缺，瓣柄与瓣片近等长；翼瓣与旗瓣近等长，瓣片呈长圆形，先端圆；瓣片呈倒卵状长圆形，子房有柄，无毛。花期 5—6 月。荚果呈卵状长圆形，先端急狭为尖喙，基部突然收狭为果颈，不完全二室，稍膨胀。果期 7—8 月。

生于固定和半固定沙丘上。产于新疆霍城。哈萨克斯坦有分布。

# 伊犁黄芪 *Astragalus iliensis* Bunge

## 豆科　Leguminosae　黄芪属　*Astragalus* L.

半灌木，高 60—80 厘米。枝干粗厚；树皮灰褐色，常半掩埋在沙内。老枝木质化，圆柱状，密被淡黄色或灰白色伏贴短茸毛；当年生枝被苍灰色或灰白色伏贴毛。羽状复叶，有小叶 3—5 枚，被白色伏贴毛；托叶下部鞘状合生，上部呈三角状；小叶呈线形或长圆状线形，先端钝。总状花序生多数花，排列稀疏；总花梗与叶等长或较叶短，连同花序轴为叶长的 1.5—2 倍，密被白色伏贴毛；苞片呈披针形，微被白色毛；花萼呈钟状，密被伏贴的细毛，萼齿呈披针形；花冠紫红色；旗瓣片呈倒卵形，先端微凹，下部稍狭成瓣柄；翼瓣片呈长圆形，先端钝圆；龙骨瓣片较瓣柄稍短，近半圆形。花期 4—5 月。荚果呈长圆状卵圆形，两侧稍扁，无沟槽，先端渐尖成短喙，硬膜质，被绢状白色长毛，近二室；通常每室具种子一枚。种子暗棕红色，耳状，平滑。果期 6—7 月。

生于沙地。产于新疆霍城。哈萨克斯坦、乌兹别克斯坦有分布。

# 光果甘草 *Glycyrrhiza glabra* L.

豆科　Leguminosae　甘草属　*Glycyrrhiza* L.

多年生草本；外皮灰褐色，切面黄色，味甜，含甘草甜素；根、根状茎粗壮。茎直立，上部多分枝，基部木质化，密被鳞片状腺体、三角皮刺及短柄腺体，幼时为黏胶状，夏秋为粗糙短刺，表皮常为红色。奇数羽状复叶，小叶 11—23 枚；托叶呈钻形或线状披针形，早落；小叶呈披针形、长圆形至长椭圆形或长卵圆形，被短茸毛及具柄腺体，背面沿脉尤甚，先端钝圆，微凹具芒尖，基部近圆形。总状花序腋生，短于或长于叶，花多排列较稠密，花序轴密被短茸毛和腺毛。小苞片呈卵圆形，外被腺毛；花冠紫色或白紫色；花萼呈钟状，5 个裂齿，

上方两齿短于其他齿，裂齿呈狭披针形，与萼筒等长，被短茸毛及短腺毛；旗瓣呈卵圆形或椭圆形，先端尖或短尖，具爪，短柄状；翼瓣先端钝尖，耳短，爪呈丝状；龙骨瓣先端短尖，短于翼瓣，爪呈丝状；子房光滑或被无柄腺体，胚珠4—9枚。荚果呈长圆形，直或微弯，光滑或被腺体，密或疏；种子1—8枚。种子呈肾形或圆形，绿色或暗绿色。

生于河滩阶地、河岸胡杨林缘、芦苇滩、绿洲垦区农田地头、路边、荒地，海拔350—1100米。产于新疆博乐、伊吾、玛纳斯、石河子、沙湾、精河、霍城、伊宁、察布查尔、巩留、焉耆、阿克苏、阿拉尔、阿瓦提、巴楚、喀什、疏勒和莎车等市（县）。我国甘肃（金塔）有分布。欧洲、地中海区域、哈萨克斯坦、俄罗斯西伯利亚地区以及蒙古也有分布。

# 骆驼刺 *Alhagi sparsifolia* Shap.

豆科　Leguminosae　骆驼刺属　*Alhagi* Gagneb

半灌木，高 25—80 厘米。茎直立，具细条纹，无毛或幼茎具短柔毛，从基部开始分枝，枝条平行上升。叶互生，卵形、倒卵形或倒圆卵形，先端圆形，具短硬尖，基部呈楔形，全缘，无毛，具短柄。总状花序腋生，花序轴变成坚硬的锐刺，刺长为叶的 2—3 倍，无毛；当年生枝条的刺上具花 3~8 朵，老茎的刺上无花；苞片呈钻状；花萼呈钟状，被短柔毛，萼齿呈三角状或钻状三角形；花冠深紫红色；旗瓣呈倒长卵形，先端钝圆或截平，基部呈楔形，具短瓣柄；翼瓣呈长圆形；龙骨瓣与旗瓣约等长；子房呈线形，无毛。荚果呈线形，常弯曲，几无毛。

生于荒漠地区的沙地、河岸、农田边及低湿地。产于新疆各地。我国内蒙古、甘肃、青海有分布。哈萨克斯坦、吉尔吉斯斯坦、塔吉克斯坦、乌兹别克斯坦、土库曼斯坦也有分布。

幼嫩枝叶为骆驼的重要饲料，牛、羊等家畜亦喜食；是重要的固沙植物，耐旱，根系能深达地下 7—8 米；在吐鲁番地区，枝叶能分泌出糖类而凝结其上，即所谓“刺糖”，为维吾尔族重要民族用药，用于治疗神经性头痛。

# 新疆远志 *Polygala hybrida* DC.

远志科　Polygalaceae　远志属　*Polygala* L.

多年生草本，全株被短曲柔毛。根粗壮，圆柱形。茎丛生，被短柔毛，基部稍木质。叶无柄或有短柄，茎下部叶较小，卵形或卵状披针形，上部叶渐大，卵圆形或披针形，先端渐尖，基部呈楔形，全缘，两面被短曲柔毛，边缘较多。总状花序顶生；花蓝紫色；萼片 5 片，宿存，外轮 3 小片，长披针形，内轮 2 片，矩圆形，花瓣状，花后略增大；花瓣 3 片，中间龙骨瓣背面顶部有撕裂成条的鸡冠状附属物，两侧花瓣呈矩圆状倒披针形，2/3 部分与花丝鞘贴生；雄蕊 8 枚，花丝几乎全部合生成鞘，并在下部 3/4 处贴生于龙骨瓣，上端分两组。蒴果呈椭圆状倒心形，周围具窄翅，顶端凹陷；种子 2 枚，除假种皮外，密被绢毛。

生于中山带草原、林缘、林中空地、沟边，海拔 1300—2800 米。产于新疆阿勒泰、青河、富蕴、福海、布尔津、和布克赛尔、额敏、塔城、裕民、托里、木垒、奇台、阜康、乌鲁木齐、呼图壁、玛纳斯、沙湾、精河、博乐、霍城、伊宁、尼勒克、新源、巩留、特克斯、昭苏、伊吾、巴里坤、和静、拜城、温宿、阿克陶等市（县）。俄罗斯（西伯利亚）、蒙古、哈萨克斯坦有分布。

# 短距凤仙花 *Impatiens brachycentra* Kar. et Kir.

凤仙花科　Balsaminaceae　凤仙花属　*Impatiens* L.

一年生草本。多汁，直立，分枝或不分枝。互生，椭圆形或卵状椭圆形，先端渐尖，基部呈楔形，边缘有具小尖的圆锯齿。花4—12朵，排成总状花序，花序腋生，基部有一片披针形苞片；花极小，白色；萼片呈卵形，稍钝；旗瓣呈宽倒卵形；翼瓣近无柄，二裂，基部裂片呈矩圆形，上部裂片大，宽矩圆形；唇瓣呈舟形，具短而宽的距。蒴果呈条状矩圆形。

生于山地林缘及林间空地。产于新疆伊犁。分布于中亚。

## 新疆花葵 *Lavatera cashemiriana* Cambess.

锦葵科 Malvaceae 花葵属 *Lavatera* L.

多年生草本，高 1 米，被稀疏星状柔毛。叶互生，基生叶近圆形，顶生叶常掌状 3—5 裂，边缘具圆锯齿，基部呈心形，端钝，两面有柔毛；叶柄被星状疏柔毛；托叶呈条形，被星状柔毛。花排列成总状花序，顶生或簇生于叶腋；小苞片 3 片，宽卵形，基部合生成杯状，密被星状柔毛；花萼 5 裂，裂片呈卵状披针形，密被星状柔毛；花冠淡紫红色，花瓣 5 片，倒卵形，先端深二裂，基部呈楔形，密被星状长髯毛；雄蕊柱顶部分裂为无数花丝；心皮 20—25 个，环绕中轴合生，中轴顶部呈伞状而突出心皮外。花期 6—8 月。果盘状，20—25 个分果呈瓣肾形，平滑无毛。

生于湿生草地或山地阳坡，海拔 540—2200 米。产于新疆青河、塔城。阿尔泰山、中亚及克什米尔有分布。

本种花朵大而鲜艳美丽，可引入栽培，供园林观赏。

# 多枝柽柳 *Tamarix ramosissima* Ledeb.

柽柳科　Tamaricaceae　柽柳属　*Tamarix* L.

灌木或小乔木，高3—7米。老枝暗灰褐色，二年生枝淡红色。叶在二年生枝上呈条状披针形，基部变宽，半抱茎，略下延；绿色枝上叶呈宽卵形或三角形，半抱茎，下延，先端锐尖，外倾。总状花序春季组成复总状生于去年生枝上，花整齐紧密地排在枝的两边，于夏秋季生于当年生枝顶端，组成顶生圆锥花序，苞片呈披针形；花梗与花萼等长或略长；花5数；片卵形，边缘膜质，具齿；花瓣呈倒卵形，直伸，靠合，形成闭合的酒杯花冠，宿存，淡红色、紫红色或粉白色；花盘5裂；雄蕊5枚，花丝基部不变宽，着生于花盘裂片间；花柱三裂，棍棒状。花期5—9月。蒴果呈三角状圆锥形。

生于荒漠区河漫滩、泛滥带、河岸、湖岸、盐渍化沙土，常形成大片丛林。常与多花柽柳、细穗柽柳、刚毛柽柳和密花柽柳等发生天然杂交，更增加了它的变异。产于新疆各地。广布于我国西北、华北各省。俄罗斯（高加索）、蒙古、中亚、伊朗、阿富汗也广泛分布。

本种是最普遍的种，开花繁密且花期长，是很有价值的居民点绿化树种。

# 宽苞水柏枝 *Myricaria bracteata* Royle

## 柽柳科　Tamaricaceae　水柏枝属　*Myricaria* Desv.

灌木，高 0.5—3 米，由基部多分枝。老枝灰、紫棕红色，有条纹和光泽。叶密生于当年生绿色小枝上，卵状披针形，先端钝或锐尖，基部略扩展，常具狭膜质边。总状花序顶生于当年生枝条上，密集呈穗状；苞片呈宽卵形或椭圆形，先端渐尖，边缘膜质，常脱落，露出中脉而呈凸尖头或尾状长尖；萼片呈披针形或椭圆形，略短于花瓣，先端常内弯，具宽膜质边缘；花瓣呈倒卵状长圆形，先端圆钝，常内曲，基部狭缩，具脉纹，粉红色或淡紫色，果时宿存；雄蕊略短于花瓣，花丝由 1/2 或 2/3 部分合生；子房呈圆锥形。花期 6—7 月。蒴果呈狭圆锥形。种子狭长呈倒卵形，顶端芒柱 1/2 以上被白色长柔毛。果期 8—9 月。

生于沙质河滩、湖边、冲积扇，海拔可达 3000 米。产于新疆奇台、乌鲁木齐、托里、塔城、温泉、玛纳斯、沙湾、霍城、巩留、昭苏、伊吾、哈密、吐鲁番、焉耆、库尔勒、拜城、塔什库尔干等市（县）。我国内蒙古、河北、山西、宁夏、甘肃、青海、西藏有分布。俄罗斯、中亚、蒙古、印度、巴基斯坦、阿富汗也有分布。

# 沙枣 *Elaeagnus angustifolia* L.

胡颓子科 Elaeagnaceae 胡颓子属 *Elaeagnus* L.

落叶乔木或小乔木；无刺或具刺，棕红色，发亮。幼枝密被银白色鳞片；老枝鳞片脱落，红棕色，光亮。叶薄纸质，矩圆状披针形至线状披针形，顶端钝尖，基部呈楔形，全缘，上面幼时具银白色圆形鳞片，成熟后部分脱落，带绿色，下面灰白色，密被白色鳞片，有光泽，侧脉不甚明显，叶柄纤细，银白色。花银白色，直立或近直立，密被银白色鳞片，芳香，常1—3朵花簇生于新枝基部5—6枚叶的叶腋上；萼筒呈钟状，在裂片下面不收缩，在子房上骤收缩，裂片呈宽卵形或卵状矩圆形，顶端钝渐尖，内面被白色星状柔毛；雄蕊几无花丝，淡黄色，矩圆形；花柱直立，无毛，上端弯曲；花盘明显，圆锥形，包围花柱的基部，无毛。花期5—6月。果实呈椭圆形，粉红色，密被银白色鳞片；果肉乳白色，粉质；果梗短，粗壮。果期9月。

生于山地、平原、沙滩、荒漠及河谷地带。产于新疆墨玉、和田。我国辽宁、河北、山西、河南、陕西、甘肃、内蒙古、宁夏、青海有分布。中东、欧洲也有分布。

# 沙棘 *Hippophae rhamnoides* L.

胡颓子科　Elaeagnaceae　沙棘属　*Hippophae* L.

落叶灌木或小乔木，高可达 6 米，少数可达 15 米。嫩枝密被银白色鳞片，一年以上上枝鳞片脱落，表皮呈白色，发亮；刺较多而较短，有时分枝，节间稍长。单叶互生，线形，顶端钝形或近圆形，基部呈楔形，两面银白色，密被鳞片；叶柄短。花期 5 月。果实呈阔椭圆形或倒披针形，干时果肉较脆。果期 8—9 月。

生于河谷阶地、山坡、河滩，海拔 800—3000 米。产于新疆塔城、博乐、奇台、玛纳斯、石河子、精河、霍城、伊宁、昭苏、哈密、和静、温宿、疏附、阿克陶、策勒等市（县）。蒙古（西部）、哈萨克斯坦、吉尔吉斯斯坦、塔吉克斯坦、乌兹别克斯坦、阿富汗有分布。

# 千屈菜 *Lythrum salicaria* L.

千屈菜科　Lythraceae　千屈菜属　*Lythrum* L.

多年生草本，高 30—100 厘米。根茎横卧于地下，粗壮。茎直立，多分枝，全株青绿色，略被毛，枝通常具 4 棱。叶对生或三叶轮生，披针形或阔披针形，顶端钝形或短渐尖，基部呈圆形或心形，有时略抱茎，全缘，无柄。花组成小聚伞花序，簇生于叶状苞叶腋内，花梗极短，因此花枝似一个大型穗状花序；苞片呈宽针形或三角状卵形，向上渐小；萼筒有 12 条纵棱，稍被粗毛，裂片 6 片，三角形，萼齿间具尾状附属体；花瓣 6 片，红紫色，倒披针状长椭圆形，基部呈楔形，着生于萼筒上部，有短爪；雄蕊 12 枚，6 长 6 短，伸出萼筒之外；子房二室，花柱长短不一。蒴果呈扁圆形。花果期 7—9 月。

生于河岸、湖畔、沼泽及平原低湿地，海拔 300—800 米。产于新疆额敏、博乐、精河。我国各地均有分布。亚洲、欧洲、非洲、北美洲和澳大利亚也有分布。

本种为花卉植物；全草药，治肠炎。

# 沼生柳叶菜 *Epilobium palustre* L.

柳叶菜科　Onagraceae　柳叶菜属　*Epilobium* L.

多年生草本，高 15—50 厘米。茎直立，基部具匍匐枝或地下有匍匐枝，上部被曲柔毛，向下渐少。茎下部叶对生，上部叶互生，卵状披针形至条形，先端渐尖，基部呈楔形，上面有弯曲短毛，下部仅沿中脉有分布，全缘，边缘常反卷，无柄。花单生于茎顶或腋生，淡紫红色；花萼 4 裂，裂片披针形，外被短柔毛；花瓣 4 片，倒卵形，顶端二裂；雄蕊 8 枚，4 长 4 短；子房下位。花期 7—8 月。蒴果呈圆柱形，被曲柔毛。种子呈倒披针形，暗棕色，顶端有一簇白色种缨。果期 8—9 月。

生于前山带至山地河岸、低湿地。产于新疆阿勒泰、哈巴河、奇台、木垒、乌鲁木齐、塔城、托里、和布克赛尔、温泉、巩留、昭苏等市（县）。我国东北、华北、西北有分布。欧洲、亚洲、北美洲也有分布。

# 天山泽芹 *Berula erecta* (Huds.) Coville

## 伞形科　Apiaceae　天山泽芹属　*Berula* Koch

多年生草本，高 30—50 厘米，全株无毛。根状茎节上多生须根。茎中空，近直立，有细棱槽，中部以上多分枝。基生叶和茎下部叶有长柄，柄的基部扩展成鞘，鞘呈窄披针形，边缘白色膜质，叶片呈长圆形或长卵形，一回羽状全裂，羽片 8—9 对，长圆状披针形，全缘或浅裂，沿缘有尖齿；茎中部和上部叶几乎与下部叶同形，向上渐小，羽片 3—6 对，近无柄或无柄，叶鞘呈短披针形。复伞形花序生于茎枝顶端，下部的多和叶对生，伞幅 10—15 个，不等长，总苞片 3—6 片，披针形，草质，不等大，全缘或浅裂，反折；小伞形花序有花 15 —20 朵，小总苞片 5—6 片，与总苞片同形，与花梗近等长；萼齿呈三角状钻形或三角状披针形；花瓣白色，广卵形或近圆形，顶端微凹，具内折的小舌片。花期 7 月。果实呈广卵形或近圆形；果棱钝，突起；油管多数，沿胚乳表面排列成环状。果期 8 月。

生于低山和平原的河湖、渠沟边，海拔 100—1100 米。产于新疆温泉、乌鲁木齐、鄯善、吐鲁番，焉耆，阿克苏、喀什等市（县）。分布于欧洲、西亚、中亚以及巴基斯坦。

# 岩风 *Libanotis buchtormensis* (Fisch.) DC.

伞形科　Apiaceae　岩风属　*Libanotis* Hill.

多年生草本。根粗壮，圆柱形；根颈不分叉或少分叉多头，残存有暗褐色枯叶鞘纤维。茎单一或少数茎丛生，直立，有棱角的纵棱，无毛或仅在花序下面粗糙被短硬毛，分枝。基生叶多数，丛生，叶片革质，长圆状卵形或长圆形，二回羽状全裂，一回羽片下部的有柄，上部的无柄，末回裂片呈卵形或卵状楔形，无毛或沿脉有疏毛，全缘或深裂，边缘有不等大的尖锯齿；叶柄横切面呈扁平三角状，柄内侧面有浅沟，外侧面有纵纹，短于叶片或与叶片等长，基部扩展成长圆状卵形的鞘，边缘膜质；茎生叶与基生叶同形，一回羽状全裂，无柄，叶鞘延长成窄披针形。复伞形花序生于茎枝顶端，伞幅30—50个，不等长，被短硬毛总苞片1—3片，线状钻形，脱落或无；小伞形花序有花25—40朵，密集，花梗不等长，在果期长2—6毫米，小总苞片10—15片，线状披针形或钻形，被稀疏短毛，与开花时的小伞形花序等长；萼齿呈披针形或线状披针形，被短柔毛；花瓣白色，近圆形，顶端微凹，具内折的小舌片，背面被柔毛；花柱基呈短圆锥状，花柱外弯。花期7—8月。果实呈椭圆形或卵形，密被短硬毛；果棱呈线形，尖龙骨状突起；每个棱槽内油管一个，合生面油管两个。果期8—9月。

生于向阳的砾石质或石质山坡，以及石隙中，海拔 1100—3000 米。产于新疆吉木乃、裕民、托里、精河、博乐、温泉、霍城、察布查尔、尼勒克、新源、巩留、特克斯、昭苏等市（县）。我国宁夏、甘肃、陕西、四川有分布。俄罗斯、蒙古、哈萨克斯坦、吉尔吉斯斯坦也有分布。

根据《中国植物志》记载，本种的根部入药能发散风寒、祛风湿、镇痛、健脾胃、止咳、解毒；主治感冒、咳嗽、牙痛、关节肿痛、跌打损伤、风湿筋骨痛。

# 下延叶古当归 *Archangelica decurrens* Ledeb.

伞形科　Apiaceae　古当归属　*Archangelica* Hoffm.

多年生草本，高 1—2 米。根粗壮，圆柱形，棕褐色。茎直立，圆筒形，中空，粗壮，有棱槽，无毛，从中部向上分枝。叶大，上面深绿色，下面淡绿色，无毛或有时下面沿脉粗糙有稀疏的短毛；基生叶有长柄，基部扩展为兜状膨大的鞘，叶片呈宽三角形，二至三回羽状全裂，顶端的末回裂片呈宽菱形，三深裂，沿缘有锯齿，无柄，侧面的末回裂片呈椭圆形或长圆状卵形，全缘，沿缘有锯齿，有柄或无柄，有柄的裂片基部呈楔形，无柄的裂片基部沿柄下延；茎生叶渐小，简化，最上部仅有卵状膨大、基部抱茎的叶鞘。复伞形花序生于茎枝顶端，粗糙有短硬毛，近等长，排列成圆球形，总苞片无或有数片早落；小伞形花序有花 30—50 朵，花梗有短硬毛，小总苞片 5—10 片，线状钻形，有缘毛，短于花梗或近等长；花白色或淡绿色，萼齿不明显，花瓣呈倒卵形，顶端微凹，具内折的小舌片；花柱基呈扁平短圆锥状，沿缘波状，花柱延长，外弯。花期 6—7 月。果实呈椭圆形；背棱和中棱龙骨状突起或有窄翅，侧棱有宽翅；油管多数，围绕胚乳排列。果期 7—8 月。

生于山地林下、山坡阴湿处、山地河谷草甸和水边，海拔 1100—2100 米。产于新疆青河、富蕴、阿勒泰、哈巴河、额敏、塔城、裕民等市（县）。俄罗斯、蒙古、哈萨克斯坦有分布。

# 大瓣芹 *Semenovia transiliensis* Rgl. et Herder

## 伞形科　Apiaceae　大瓣芹属　*Semenovia* Rgl. et Herder

多年生草本。根粗，纺锤形或圆锥状，淡黄白色，有较粗的支根；根颈不分叉，残存有片状的棕褐色枯叶鞘。茎单一，中空，有细棱槽，无毛或有稀疏的长柔毛，从中下部向上分枝，枝少，互生。叶无毛或沿脉有稀疏的毛，基生叶和茎下部叶有长柄，柄的基部扩展成披针形或三角状披针形的鞘，叶片呈长卵形，一回羽状全裂，羽片呈广卵形，5—6 对，对生，再羽状深裂为披针形，边缘具有齿或近无齿的小裂片；茎中部和上部叶少，向上简化，末回裂片呈披针形，通常全缘或沿缘有大的齿，鞘呈披针形至卵状披针形。复伞形花序生于茎枝顶端，近等长，密被长柔毛和腺毛，总苞片 3—7 片，线形，有密毛；小伞形花序有花 15—20 朵，小总苞片 5—7 片，线状披针形，边缘白色或带紫色，萼齿不等长，外面的齿长，线状披针形，外缘花的一瓣增大，二深裂，背面有稀疏的长柔毛；花柱基呈扁平圆锥状，花柱延长，长于花柱基。花期 7—8 月。果实呈椭圆形或长卵形；背棱和中棱略突起，侧棱浅色，翅状；每个棱槽内油管一个，合生面油管两个。果期 8—9 月。

生于亚高山草甸、林缘和林间空地、河谷泛滥地，以及山地草坡等，海拔 1900—3200 米。产于新疆察布查尔、新源、特克斯、昭苏、吐鲁番、和静、库车、阿克苏等市（县）。哈萨克斯坦、吉尔吉斯斯坦有分布。

# 菟丝子 *Cuscuta chinensis* Lam.

旋花科　Convolvulaceae　菟丝子属　*Cuscuta* L.

一年生寄生草本。茎上被倒向的短柔毛，杂有倒向或开展的长硬毛。茎缠绕，黄色，纤细，无叶。花序侧生，少花或多花簇生成小伞形或小团伞花序，近于无总花序梗；苞片及小苞片小，鳞片状；花梗稍粗壮；花萼呈杯状，中部以下连合，裂片呈三角状卵形，顶端锐尖或钝，向外反折，宿存；雄蕊着生花冠裂片弯缺微下处；鳞片呈长圆形，边缘呈长流苏状；子房近球形，花柱二裂，等长或不等长，柱头呈球形。蒴果呈球形，几乎全为宿存的花冠所包围，成熟时整齐地周裂。种子2—4枚，淡褐色，卵形，表面粗糙。

生于准噶尔盆地绿洲。通常寄生于豆科、菊科、蒺藜科等多种植物上。产于新疆布尔津、哈巴河、伊宁等市（县）。分布于伊朗、阿富汗，东至日本、朝鲜，南至斯里兰卡、马达加斯加、澳大利亚。

种子药用，有补肝肾、益精壮阳、止泻的功能。

## 阿尔泰狗娃花 *Heteropappus altaicus* (Willd.) Novopokr.

菊科 Compositae 狗娃花属 *Heteropappus* Less.

多年生草本，主根直立或横走，高 20—80 厘米。和静（巴伦台）地区的植株，茎多数高 10—20 厘米，分枝多，组成密的矮丛，可能是一种生态型。直立，绿色，具条纹，被密上曲或有时开展的毛，上部常杂有疏腺点，上部或全部有分枝。茎基部叶花期早枯，下部叶呈条形、条状倒披针形或条状匙形；中部叶和下部叶同形，上部及分枝上的叶较小，条形，全部叶全缘，少具疏齿，两面或上面被糙毛，常有腺点。头状花序单生或在枝顶排成伞房状；总苞呈半球形，总苞片 2—3 层，近等长或外层稍短，外层草质，绿色，矩圆状

披针形或条形，顶端渐尖，中内层具膜质边缘，下部常龙骨状突起，被较密或疏的短毛和腺毛；边缘雌花呈舌状，一层，20—30 朵，舌片蓝紫色，开展，矩圆状条形，顶端钝，管部被疏微毛，花柱分枝长；中央两性花呈筒状，黄色，裂片不等长，花柱分枝附片呈三角形，近等长于花冠。冠毛红褐色或污白色，具微糙毛。瘦果扁，倒卵状长圆形，灰绿色或浅褐色，密被绢毛，杂有腺毛。花果期 6—9 月。

生于草原、荒地及干旱山地，海拔 400—3800 米。产于新疆阿勒泰、布尔津、乌鲁木齐、和布克赛尔、裕民、托里、精河、新源、昭苏、哈密、伊吾、巴里坤、吐鲁番、和静等市（县）。我国东北、华北、西北及四川西北部有分布。中亚、蒙古及西伯利亚也有分布。

# 高山紫菀 *Aster alpinus* L.

菊科　Compositae　紫菀属　*Aster* L.

多年生草本，高 7—35 厘米。根状茎粗壮。茎直立，基部残存叶柄，被上贴长节毛。基生叶呈莲座状，匙形或长圆状倒披针形，顶端钝，基部渐窄成具翅的柄，中部叶呈长圆状披针形或线形，基部渐窄，叶向上渐小，全部叶全缘，密被上贴长毛，常多少杂疏腺点。头状花序单生茎顶；总苞呈半球形，总苞片 2—3 层，等长或外层稍短，长圆状匙形或条形，外层和内层上部草质，下部近革质，内层边缘膜质，顶端呈圆形，钝或急尖，顶端稍带紫红色，被或密或疏的柔毛；缘花雌性，舌状，35—40 朵，舌片紫色，长圆状条形，花柱分枝伸出管部；中央两性花呈筒状，黄色，檐部 5 裂，花柱分枝附片呈披针形，伸出花冠。冠毛白色，外层为极短的糙毛。瘦果呈长圆形，淡褐色，扁压，密被贴毛。花果期 7—9 月。

生于亚高山草甸、草原、山地，海拔 540—4000 米。产于新疆青河、阿勒泰、布尔津、吉木乃、温泉、霍城、尼勒克、新源、巩留、特克斯、昭苏、哈密、伊吾、巴里坤、和静、拜城、阿合奇、叶城、皮山、和田等市（县）。分布于我国河北、山西及东北各省。亚洲北部、欧洲也有分布。

# 橙舌飞蓬 *Erigeron aurantiacus* Regel

## 菊科　Compositae　飞蓬属　*Erigeron* L.

多年生草本，高10—35厘米。根状茎直立或斜升，上部常被残存的叶基。茎单一或数个，直立，不分枝，绿色或下部带紫色，密被开展的长节毛。基生叶密集成莲座状，倒披针形或长圆状披针形，顶端尖或钝，基部渐窄成长柄，茎生叶较多数，无柄，近半抱茎，顶端尖，全部叶全缘或基生叶少具一至数个小齿，边缘和两面被或密或疏开展的长节毛。头状花序单生于茎顶；总苞呈半球形，总苞片三层，近等长，稍长于花盘，绿色，顶端蓝紫色，线状披针形，顶端渐尖，背面密被开展的硬长毛。缘花雌性，舌状，舌片开展，橘红色或橙黄色；中央两性花呈筒状，黄色，檐部呈窄钟状，上部被疏微毛，裂片和舌片同色，无毛，花药和花柱分枝伸出花冠。冠毛白色，两层，外层极短，刚毛状。花期6—9月。瘦果呈披针形，扁压，被较密的短贴毛。

生于高山草地，海拔1500—3400米。产于新疆沙湾、尼勒克、巩留、昭苏、和静、阿克苏等市（县）。中亚地区有分布。

# 飞蓬 *Erigeron acer* L.

菊科　Compositae　飞蓬属　*Erigeron* L.

二年生或多年生草本，高 15—60 厘米。茎单生或数个，直立，上部有分枝，下部偶有分枝，绿色，有时紫红色，被或密或疏开展的硬长毛，杂贴短毛。基生叶密，莲座状，花期枯，倒披针形，顶端钝或尖，基部渐窄成长柄，下部茎生叶和基生叶同形，中上部叶呈条状长圆形或条状披针形，无柄，顶端急尖，全部叶全缘，两面被较密或疏开展的长节毛。头状花序多数，在茎端排列成密而窄或（有时）疏而宽的圆锥状；总苞呈半球形，总苞片三层，短于花盘，绿色，少紫色，线状披针形，顶端尖，边缘膜质，密被长节毛或短疣毛，外层长为内层之半。雌花两层，外层舌状，舌片淡红紫色，宽约 0.25 毫米，内层呈细筒状，无色，花柱与舌片同色，伸出管部；中央的两性花呈筒状，黄色，上部疏被微毛，檐部呈圆柱形，裂片红紫色，花柱分枝黄色，伸出管部。冠毛白色，两层，刚毛状，外层极短。花期 6—9 月。瘦果呈长圆状披针形，黄色，扁压，疏被短贴毛。

生于山坡草地、山地及林缘，海拔 1000—2400 米。产于新疆吉木萨尔、尼勒克、新源、巩留、特克斯等县。分布于我国吉林、辽宁、内蒙古、河北、山西、陕西、甘肃、宁夏、青海、四川、西藏等地。高加索、中亚、西伯利亚、蒙古、日本以及北美洲也有分布。

# 小蓬草 *Conyza canadensis* (L.) Cronq.

菊科　Compositae　白酒草属　*Conyza* Less.

一年生草本，高 50—100 厘米或更高。根纺锤状。茎直立，上部多分枝，具条纹，疏被开展的长节毛。叶密集，基生叶呈莲座状，花期常枯萎，基生叶和下部茎生叶呈倒披针形，顶端尖或渐尖，基部渐窄成长柄，边缘具疏锯齿或全缘，中部和上部叶较小，线状披针形，具短柄，顶端渐尖，全缘或边缘具疏锯齿，叶两面或仅上面疏被短毛，边缘常被上弯的硬长毛。头状花序小，多数在枝顶排列成多分枝的圆锥状，花序梗细，具 1—3 个线形苞叶；总苞近圆柱形，总苞片 2—3 层，淡黄绿色，草质，线状披针形或线形，顶端渐尖，边缘干膜质，背面疏被微毛，外层短，为内层之半。缘花雌性，舌状，白色，舌片小，条形，顶端具两齿；中央两性花呈筒状，黄色，上部疏被微毛，檐部近圆柱形，上端具 4—5 齿裂。冠毛白色，一层，糙毛状。花期 5—9 月。瘦果呈长圆状披针形，稍扁压，疏被贴微毛。

生于山地荒漠草原、林下、河滩、农田，为常见农田杂草，海拔 480—2000 米。产于新疆阿勒泰、布尔津、乌鲁木齐、石河子、和布克赛尔、塔城、沙湾、乌苏、博乐、霍城、伊宁、察布查尔等市（县）。原产北美洲。我国南北各省均有分布。

# 花花柴 *Karelinia caspica* (Pall.) Less.

菊科　Compositae　花花柴属　*Karelinia* Less.

多年生草本，高40—120厘米。茎粗壮，直立，圆柱形，多分枝，幼时被糙毛或柔毛，老枝无毛，有疣状突起。叶厚，几乎肉质，卵圆形，顶端钝或圆，基部有圆形或戟形小耳，抱茎，全缘，有时有不规则的少数齿，两面被糙毛，后来有时无毛，下面叶脉显著。头状花序3—7个，生于枝端成伞房状，有的单生，苞叶较小，卵圆形或披针形，总苞片约5层，外层呈卵圆形，顶端呈圆形，内层呈披针形，顶端稍尖，内层长于外层3—4倍，厚纸质，顶端尖，外面被贴伏的短纤毛与小颗粒状突起，边缘毛较长；雌花多数，丝状，檐部4—5裂，裂片呈窄三角形；两性花少，细管状，上部黄色或紫红色，花药高出花冠，花柱高出花药，柱头二浅裂。花期7—9月。瘦果呈长圆形，棕褐色，有三棱，下部尤显，无毛，基部白色；冠毛白色，糙毛状。果期9—10月。

生于荒漠地带的盐生草甸、覆沙或不覆沙的盐渍化低地、农田边，海拔500—1200米。产于新疆哈巴河、布尔津、福海、木垒、奇台、吉木萨尔、阜康、乌鲁木齐、昌吉、玛纳斯、和布克赛尔、塔城、沙湾、精河、察布查尔、哈密、伊吾、鄯善、吐鲁番、托克逊、焉耆、库尔勒、尉犁、库车、沙雅、阿克苏、乌恰、喀什、疏勒、疏附、英吉沙、岳普湖、麦盖提、莎车、叶城、和田、洛浦等市（县）。我国内蒙古、宁夏、甘肃等地有分布。蒙古、中亚、伊朗、土耳其也有分布。

# 火绒草 *Leontopodium leontopodioides* (Willd.) Beauverd

菊科　Compositae　火绒草属　*Leontopodium* R.Br.

多年生草本。根状茎粗壮，为枯叶鞘所包裹，有多数花茎和根出条。茎细，直立或稍弯曲，不分枝，被灰白色长柔毛或白色近绢状毛，下部叶较密，早枯，宿存，中上部叶较疏，多直立，条形或披针形，先端尖或稍尖，有小尖头，基部稍窄，无柄无鞘，边缘有时反卷或为波状，上面被柔毛而为灰绿色，下面密被白色或灰白色厚绵毛。苞叶少数，长圆形或条形，与花序等长或长出 1.5—2 倍，两面或仅在下面被白色或灰白色厚绵毛，在雄株多少展开成苞叶群，而雌株则直立或散生不成苞叶群；头状花序 3—7 个，密集，少为一个或更多，或有较长的花序梗而成伞房状；总苞呈半球形，被白色绵毛，总苞片约 4 层，披针形，无色或褐色；小花雌雄异株，少同株，雄花花冠呈窄漏斗状，雌花花冠呈丝状。瘦果呈长圆形，有乳头状突起或微毛，不育子房无毛；冠毛白色，长于花冠，粗糙。花果期 7—10 月。

生于干旱草原、草甸、高山沼泽砾石山坡，海拔 1500—3300 米。产于新疆吉木乃、阜康、乌鲁木齐、呼图壁、沙湾、博乐、温泉、昭苏、新源、尼勒克、吐鲁番、和静、阿克苏等市（县）。我国东北、西北各省及山东半岛有分布。日本、朝鲜、蒙古、西伯利亚、中亚、伊朗及欧洲东部也有分布。

全草药用，用于治疗蛋白尿及血尿。

# 里海旋覆花 *Inula caspica* Blume

## 菊科 Compositae 旋覆花属 *Inula* L.

二年生草本，高 30—60 厘米。根状茎短，直立，有粗的主根。茎单生，有棱，被疣毛，或毛落后仅留疣点，上部分枝。基生叶早枯，叶柄宿存，下部茎生叶呈长圆状条形，中部叶呈长圆状披针形、披针形到条状披针形，前端渐尖，基部扩大成心形，有耳，抱茎，近基部偶有微齿，齿端加厚，或无齿而叶缘有点状加厚，叶面无毛或下面有短小的疣毛，或上部叶两面被短小的疣毛。头状花序单生或 2—5 个成伞房状、复伞房状排列，花序梗细，密被疣状毛；总苞片 3—4 层，条状披针形，顶端膨大，外面被长单毛，边缘被疣状毛，向上毛仅分布于上面或无，边缘由疣毛渐变为发亮的腺毛，内层长为外层的两倍，舌状花 5 朵，黄色，舌片呈条形，前端有三齿，外面中下部有稀疏的腺体，花柱外露，柱头二裂；中部以上呈窄漏斗状，前端 5 齿裂，裂片呈窄三角形，花柱内藏。冠毛白色。花期 8—9 月。瘦果近圆柱状，被伏贴毛；冠毛白色，粗糙。

生于草原带或荒漠草原带的洼地、干旱荒地、盐化草甸，海拔 530—1040 米。产于新疆阿勒泰、布尔津、吉木萨尔、乌鲁木齐、和布克赛尔、塔城、博乐、伊宁、察布查尔、伊吾、焉耆、尉犁、拜城、阿克苏、莎车等市（县）。我国甘肃的西北部有分布。中亚、西伯利亚、伊朗也有分布。

# 柳叶鬼针草 *Bidens cernua* L.

## 菊科　Compositae　鬼针草属　*Bidens* L.

一年生草本，高 10—60 厘米。茎生于水中的节间常短缩，生于陆地的节间常较长，圆柱形，有稍显的细棱，被短小的单毛。中部以上分枝，分枝夹角小。叶对生，通常无柄，略抱茎，不裂，披针形到窄披针形，渐尖，边缘有稀疏的锯齿，齿内弯而锐尖，无毛。头状花序单生于枝端；总苞片两层，外层宽到窄的长椭圆形，6—7 片，无毛或边缘有微毛，内层膜质，卵状长圆形，7—9 片，背面有黑色条纹；托片呈条状长倒卵形，淡白色，向尖端成淡黄色，背面有三条黑色条纹，长于花及瘦果（计刺芒），花托有窝孔；无舌状花，筒状花两性，能育，花冠先端 4 裂；背面有黑色条纹，托片呈条状长倒卵形，淡白色，向尖端成淡黄色，背面有三条黑色条纹。花期 7—8 月。瘦果黑色，楔形，四棱状，稍扁压，沿棱有稀疏瘤状小突起，侧棱尤甚，其上有易于掉落的小倒刺毛，顶端有 4 个芒刺，其上有倒刺毛。

生于草甸、沼泽边缘，有时沉于水中。产于新疆富蕴、阿勒泰、乌鲁木齐、玛纳斯、塔城、乌苏、博乐、温泉、霍城、伊宁、托克逊、阿图什、和田等市（县）。广布于亚洲、欧洲、北美洲。

# 湿地蒿 *Artemisia tournefortiana* Reichb.

## 菊科　Compositae　蒿属　*Artemisia* L.

一年生草本，高 40—100 厘米。根单一，垂直，纺锤状。茎单生，粗或细，紫褐色，有细纵棱，上部有着生头状花序的短分枝，茎、枝初时被叉状的灰白色短柔毛，后部分脱落。茎下部和中部叶呈长卵状椭圆形或长圆形，二回栉齿状羽状分裂，第一回全裂，每侧有裂片 5—8 枚，裂片呈椭圆状披针形或长圆形，羽状深裂，小裂片呈椭圆状披针形，有时边缘间有数枚尖锯齿，叶轴两侧有多数栉齿，叶柄基部有小型半抱茎的栉齿状假托叶；上部叶具短柄或无柄，一至二回栉齿状羽状深裂，裂片小；苞叶无柄，羽状分裂或不分裂而呈线状披针形，边缘具数枚裂齿或锯齿，少全缘；全部叶绿色，无毛。头状花序多数，宽卵形或近球形，直立，无梗或近无梗，在短分枝上排列成密集的穗状，在茎上组成狭窄的圆锥状；总苞片 3—4 层，近等长，外层总苞片呈卵形，背面突起，有绿色中脉，无毛，边缘狭膜质，中、内层总苞片呈披针形或长圆形，边缘膜质或全膜质；花序托小，突起；雌花 10—30 朵；两性花 10—15 朵，筒状，檐部 5 齿裂，紫红色。花冠呈狭管状，黄色，檐部具二齿裂。瘦果呈长椭圆形。花果期 8—11 月。

生于山坡、农田、河谷、荒地、林缘。产于新疆塔城、乌苏、尼勒克、英吉沙等市（县）。蒙古、阿富汗、伊朗、巴基斯坦、克什米尔地区、中亚地区有分布。

药用，有清热、解毒、消炎、止血之功效。

# 龙蒿 *Artemisia dracunculus* L.

菊科　Compositae　蒿属　*Artemisia* L.

多年生草本，高 40—100 厘米。根粗大，木质，垂直；根状茎粗，木质，直立或斜向上。茎多数，褐色或绿色，有纵棱，分枝多，开展，斜向上，茎、枝初时微有短柔毛，后渐脱落。叶无柄，两面初时被微短毛，后脱落无毛；下部叶花期枯，中部叶呈线状披针形，顶端渐尖，基部渐狭，全缘；上部叶与苞叶略短小，线形或线状披针形。头状花序多数，近球形或半球形，具短梗或近无梗，斜展，在茎的分枝上排列成穗状式的总状，并在茎上组成开展或略狭窄的圆锥状；总苞片三层，外层总苞片略小，卵形，背面绿色，无毛，中、内层总苞片呈卵圆形，边缘宽膜质或全膜质，无毛。雌花 6—10 朵，花冠呈狭筒状，檐部 2—3 齿裂，花柱伸出花冠外；两性花 8—10 朵，不育，花冠呈筒状，檐部 5 齿裂，黄色或红褐色，退化子房细小。瘦果呈倒卵形或椭圆状倒卵形。花果期 7—10 月。

生于山坡、草地、林缘及湖边，海拔 1000—4500 米。产于新疆阿勒泰、布尔津、奇台、精河、额敏、塔城、尼勒克、昭苏、哈密、伊吾、吐鲁番、喀什、叶城、皮山、于田等市（县）。分布于我国黑龙江、吉林、辽宁、内蒙古、河北、山西、陕西、宁夏、甘肃、青海等地。蒙古、阿富汗、印度、巴基斯坦、克什米尔地区、西伯利亚、欧洲、北美洲也有分布。

# 款冬 *Tussilago farfara* L.

## 菊科　Compositae　款冬属　*Tussilago* L.

多年生草本，高5—20厘米。根状茎长，横走，须根纤细，多数，早春抽出花葶数条，其上被白色蛛丝状绵毛，叶呈鳞片状，互生，浅褐色。基生叶具长柄，叶片呈宽心形，边缘具波状齿，齿端增厚，黑褐色，初时被蛛丝状绵毛，后来上面脱落，下面与叶柄不脱落。头状花序单生于茎顶，总苞呈钟状，总苞片两层，18—20枚，披针形，背面红褐色，被茸毛，内层具白色膜质边缘；边缘的舌状花雌性，黄色，干后背面淡紫红色，舌片细线形，前端梢二裂，基部有短毛；中央筒状花两性，不育，黄色，雄蕊仅附器伸出花冠。花期5—6月。瘦果呈柱状（不熟），淡褐色，有5棱，顶端有衣领状突起，淡白色，外张；冠毛黄白色，毛状。

在森林到绿洲的边缘，常大片成群落生长，海拔600—2000米。产于新疆青河、阿勒泰、奇台、乌鲁木齐、昌吉、塔城、沙湾、霍城、尼勒克、新源等市（县）。分布于我国华北、西北、华中及喜马拉雅山区。中亚、西伯利亚、伊朗、印度、欧洲、北美洲也有分布。

# 蓝刺头 *Echinops sphaerocephalus* L.

菊科　Compositae　蓝刺头属　*Echinops* L.

多年生草本，高 50—150 厘米。茎直立，单一，在上部分枝，有棱槽，密被淡褐色的多细胞长节毛和稀疏的蛛丝状柔毛。叶质地薄，上面绿色，稍粗糙，密被短糙毛，下面灰白色，密被蛛丝状柔毛，沿中脉有多细胞长节毛。基生叶和茎下部叶有柄，叶片呈宽披针形，羽状半裂或羽状深裂，裂片 3—5 对，三角形或卵形，顶端针刺状渐尖，沿缘有刺齿和小针刺；向上叶渐小，与茎下部叶同形，但无叶柄，基部半抱茎。复头状花序单生茎枝顶端；头状花序长约 2 厘米，基毛白色，不等长，长不到或近于总苞长的一半；总苞有 14—18 个分离的总苞片，外层总苞片呈长倒披针形，褐色，顶端针芒状长渐尖，沿缘有缘毛，外面被较密的短糙毛和腺点，中层总苞片呈倒披针形或长椭圆形，沿缘有长缘毛，外面密被短糙毛，内层总苞片呈披针形，外面密被短糙毛，顶端芒分裂，居中的较长。小花白色或淡蓝色，花冠 5 深裂，裂片呈线形，花冠筒光滑或具稀疏的腺点。瘦果呈倒圆锥形，密被伏贴的黄色长毛，不遮盖冠毛；冠毛膜片状线形，边缘糙毛状，大部联合。花果期 7—9 月。

生于山坡林缘或田边、水边，海拔达 1600 米。产于新疆木垒、奇台、乌鲁木齐、塔城等市（县）。俄罗斯（中亚、高加索、西伯利亚）、欧洲中部及南部、哈萨克斯坦（北部）有分布。

# 牛蒡 *Arctium lappa* L.

## 菊科　Compositae　牛蒡属　*Arctium* L.

二年生草本，高达2米。茎直立，粗壮，分枝，通常带紫红色或淡紫红色，有棱槽，被稀疏的乳突状毛和蛛丝状柔毛，以及淡黄色或棕黄色腺点。叶有柄，宽卵形，基部呈心形，沿缘浅波状，具稀疏的小齿或全缘，上面绿色，被稀疏的短糙毛和黄色腺点，下面灰白色或绿色，被密集或比较密集的蛛丝状柔毛和黄色腺点。基生叶大；茎生叶与基生叶同形，被同样的毛；向上叶形减小，近头状花序下部叶的基部呈浅心形或截形。头状花序多数或少数，在茎枝顶端排列成疏松的伞房状或圆锥伞房状；总苞呈卵球形或球形，绿色，无毛；总苞片多层，近等长，顶端有倒钩刺，外层总苞片呈三角状或披针状钻形，中层和内层总苞片呈披针状或线状钻形。小花紫红色，细管部稍长于檐部，檐部5浅裂。瘦果呈倒长卵形，压扁，淡褐色，有多数细条纹和深褐色的色斑，或无色斑；冠毛多层，刚毛糙毛状，不等长。花果期7—9月。

生于山谷、山坡、林缘、林间空地、水边湿地，以及村边、路旁、荒地、田间等，海拔420—3500米。产于新疆阜康、乌鲁木齐、石河子、额敏、塔城、沙湾、乌苏、精河、霍城、伊宁、新源、拜城、阿合奇、喀什等市（县）。分布于我国各省。亚欧大陆也广布。

瘦果药用，为我国传统中药，药材名大力子、牛蒡子，入药能散风热，宣肺透疹，消肿解毒，治风热感冒、咽喉肿痛、浮肿、麻疹、痈疮等；根入药，有清热解毒之效。

# 盐地风毛菊 *Saussurea salsa* (Pall.) Spreng.

菊科　Compositae　风毛菊属　*Saussurea* DC.

多年生草本，高 20—50 厘米。根粗壮，棕褐色；根颈密被残存的死叶柄及其分解的纤维。茎通常单一，直立，在上部或中部分枝，有棱槽，具长短和宽窄不一的翅，翅全缘或具齿。叶质地厚，粗糙被短硬毛或光滑无毛，下面有腺点，基生叶和茎下部叶较大，叶片呈长圆形、长圆状线形、长圆状披针形，大头羽状全裂或深裂，顶裂片大，常为箭头状，沿缘具波状齿或缺刻状裂片，稀全缘；侧裂片较小，多数，三角形、卵形、菱形、披针形，通常全缘，向下愈小，叶柄短于叶片，柄的基部鞘状扩大；茎生叶向上渐小，长圆形、披针形或线形，沿缘有齿或全缘，无柄，通常沿茎下延成翅。头状花序小，多数，生于茎枝顶端，排列成伞房状、复伞房状或伞房圆锥状；总苞呈圆柱状；总苞片 5—7 层，淡紫红色，无毛或有稀疏的蛛丝状柔毛，外层总苞片呈卵形，顶端钝，内层总苞片呈长圆形。小花粉红色或玫瑰红色，檐部先端 5 深裂，裂片呈线形。小花粉红色或玫瑰红色，冠毛两层，白色，外层刚毛不等长，糙毛状，内层刚毛羽状。瘦果呈圆柱形，淡褐色，无毛。花果期 7—9 月。

生于高山和低山盐渍化低地、平原荒漠戈壁、盐渍化沙地，以及沼泽化草甸，海拔 190—3250 米。产于新疆福海、阿勒泰、布尔津、哈巴河、塔城、奎屯、博乐、巴里坤、塔什库尔干等市（县）。分布于我国内蒙古、甘肃（河西走廊）、青海（柴达木盆地）。欧洲、蒙古、中亚地区也有分布。

# 刺头菊 *Cousinia affinis* Schrenk

## 菊科 Compositae 刺头菊属 *Cousinia* Cass.

多年生草本，高 10—40 厘米。根直伸；根颈增粗，被残存鞘的褐色叶柄。茎直立，单一或在上部分枝，灰白色或淡黄色，初被密集的蛛丝状茸毛，以后脱毛而至无毛。叶质较厚，上面绿色，被稀疏的蛛丝状柔毛，下面灰白色，密被茸毛；基生叶呈椭圆形或倒披针形，向下渐狭成带翅的短柄，叶柄密被白色茸毛，叶片羽状浅裂或具大锯齿，裂片或齿呈三角形，顶端有淡黄色针刺，沿缘有稀疏的短针刺；茎生叶从下向上渐小，下部叶与基生叶同形并同样分裂或具锯齿，中部叶呈椭圆形、披针形或卵形，分裂或具齿同下部叶，上部叶呈卵形或披针形，沿缘几近无齿，仅有较长的针刺，中上部叶无柄，基部呈耳状或圆形扩大，稍抱茎。头状花序单生于茎枝顶端，全株不形成明显的伞房状排列；总苞呈球形或卵形，或多或少被蛛丝状柔毛；总苞片约 9 层，苞片多数，外层和中层总苞片呈钻状长卵形至钻状长椭圆形，下部宽，向上突然收缩成坚硬的针刺，淡黄色，向下或向外弧形反曲，内层总苞片呈宽线形或线状披针形，顶端有短刺，沿缘有短缘毛，背面有短糙毛；托毛平滑，拳卷状。小花白色或淡黄色，花药红紫色或淡红色。瘦果呈倒卵形，近四棱状，有花斑，4 条纵棱在果端伸出成 4 尖刺。花果期 6—9 月。

生于沙丘和田间低地、沙地、岩质戈壁，海拔 480—800 米。产于新疆布尔津、哈巴河、奇台、乌鲁木齐、石河子、霍城等市（县）。蒙古、哈萨克斯坦有分布。

# 顶羽菊 *Acroptilon repens* (L.) DC.

菊科　Compositae　顶羽菊属　*Acroptilon* Cass.

多年生草本，高 20—70 厘米。根粗壮，横走或斜伸。茎直立，单一或少数，从基部分枝，分枝多，斜升，有纵棱槽，密被蛛丝状柔毛。叶稍坚硬，长椭圆形、匙形或线形，顶端圆钝、渐尖或锐尖，全缘或具不明显的细锐齿，或羽状半裂，裂片呈三角形或斜三角形，两面灰绿色，被稀疏的蛛丝状柔毛，后渐脱落近无毛，无柄。头状花序多数，在茎枝顶端排列成伞房状或伞房圆锥状；总苞呈卵形；总苞片 6—8 层，向内渐长，外层和中层总苞片呈卵形或椭圆状卵形，质厚，绿色，上部附片白色，干膜质，半透明，圆钝，密被长毛；内层总苞片呈披针形或线状披针形，顶端附片小，密被长毛；小花粉红色或淡紫红色，檐部 5 浅裂，裂片长 3 毫米。瘦果呈倒长卵形，压扁，淡白色;冠毛白色，多层。花果期 6—8 月。

生于水旁、沟边、盐碱地、田边、荒地、沙地、干山坡及石质山坡，海拔 -90—2400 米。产于新疆青河、富蕴、阿勒泰、奇台、阜康、乌鲁木齐、玛纳斯、石河子、额敏、塔城、托里、克拉玛依、沙湾、奎屯、乌苏、精河、霍城、伊宁、察布查尔、特克斯、昭苏、伊吾、哈密、巴里坤、鄯善、吐鲁番、托克逊、和静、焉耆、库尔勒、尉犁、若羌、轮台、阿克苏等市（县）。分布于我国西北其他省份，以及内蒙古、山西、河北等。欧洲、中亚地区、蒙古也有分布。

# 大翅蓟 *Onopordum acanthium* L.

## 菊科　Compositae　大翅蓟属　*Onopordum* L.

二年生草本，高达 2 米。主根直伸。茎直立，粗壮，通常分枝，无毛或被蛛丝状柔毛，茎和枝具翅，翅羽状半裂或具大小不等的三角形刺齿，裂片呈宽三角形，裂片和齿的顶端具黄褐色的针刺。叶两面被蛛丝状柔毛或近无毛，有时被密集的绵毛而呈灰白色，沿缘具大小不等的三角形齿，齿端有黄褐色的针刺；基生叶和茎下部叶呈长圆状卵形或宽卵形，具短柄；茎上其他叶渐小，长椭圆形、卵状披针形或倒披针形，无柄。头状花序通常 2—3 个生于茎枝顶端，少数一个；总苞呈卵形或球形，幼时被蛛丝状柔毛，以后无毛；总苞片多层，所有的总苞片几乎相同，呈卵状钻形或披针状钻形，先端变成黄褐色的针刺，外面有腺点，沿边有短缘毛；小花淡紫红色或粉红色，檐部顶端 5 裂至中部，裂片呈线形。花色灰色、灰棕色或褐色，有横的皱褶，具黑色或褐色斑点；冠毛多层，土红色。瘦果呈长圆形或长圆状倒卵形，通常为不明显的三棱状，稍压扁，淡灰色、灰棕色或褐色，有横的皱褶，具黑色或褐色斑点；冠毛多层，土红色，刚毛糙毛状，内层较长。花果期 6—9 月。

生于荒地、田间、水沟边及河谷两旁，海拔 420—1200 米。产于新疆阜康、乌鲁木齐、玛纳斯、额敏、塔城、伊宁、新源、巩留、特克斯等市（县）。欧洲、俄罗斯（西伯利亚）、中亚地区及伊朗有分布。

# 飞廉 *Carduus nutans* L.

菊科　Compositae　飞廉属　*Carduus* L.

二年生或多年生草本，高 10—100 厘米。茎常少数丛生，个别单一，直立，分枝，有棱槽，被稀疏的蛛丝状柔毛和多细胞长节毛，具连续不间断的翅，翅的边缘有大小不等的三角形刺齿，齿的顶端和边缘有黄白色或褐色的针刺。叶两面绿色，沿脉被多细胞长节毛，或两面兼被稀疏的蛛丝状柔毛，除基生叶有短柄外，茎生叶无柄，基部沿茎下延成翅；茎下部叶和茎中部叶呈长椭圆形或披针形，羽状半裂或深裂，侧裂呈片卵状三角形或斜三角形，沿缘具黄白色或褐色针刺，顶端针刺较长；茎上部叶渐小，披针形或宽线形，羽状浅裂或不分裂，顶端和边缘具短针刺。头状花序俯垂或下倾，单生于茎枝顶端，通常 4—6 个，少数一个；总苞呈钟状或宽钟状；总苞片多层，无毛或被稀疏的蛛丝状柔毛，外层总苞片呈长三角形，中层总苞片呈三角状披针形或椭圆状披针形，内层总苞片呈线状披针形或线形，除内层外，其余总苞片在中部或上部膝曲，并且中脉突出，向顶端伸出成针刺；小花紫红色、粉红色或白色，檐部 5 裂至中部，裂片呈线形。冠毛多层，白色，向内渐长，刚毛锯齿状，向顶端渐细。瘦果呈楔形，稍压扁，灰黄色，有多数淡褐色细条纹和横皱纹，顶端呈斜截形，有全缘的果缘，基底着生面稍偏斜；花果期 6—9 月。

生于山地林缘、草甸、砾石山坡、山谷水边、田边等，海拔 540—2300 米。产于新疆青河、富蕴、福海、阿勒泰、布尔津、奇台、阜康、乌鲁木齐、玛纳斯、和布克赛尔、塔城、托里、沙湾、博乐、霍城、新源、巩留、特克斯、巴里坤等市（县）。欧洲、北非、中亚地区有分布。

# 小花矢车菊 *Centaurea squarrosa* Willd.

菊科　Compositae　矢车菊属　*Centaurea* L.

二年生或多年生草本，高 30—70 厘米。根直伸，木质化。茎单生或少数簇生，直立，中部以上分枝，灰绿色，密被蛛丝状柔毛和稀疏的淡黄色腺点。基生叶和茎下部叶有叶柄，叶片二回羽状全裂，早枯萎；茎中部叶羽状全裂，裂片呈长椭圆形或线形，无柄；茎上部叶不分裂，全缘无锯齿，长椭圆形或倒披针形，全部叶两面密被蛛丝状柔毛和黄色腺点。头状花序多数，在茎枝顶端排列成疏松的宽圆锥状；总苞呈卵形、长椭圆状卵形或圆柱形，较小，被稀疏的蛛丝状柔毛、短糙毛和腺点；总苞片约 6 层，外层和中层总苞片呈椭圆形、长椭圆形至线状披针形，顶端附属物坚硬，沿苞片边缘下延，顶端针刺向外弧形反曲，边缘栉齿状针刺 3—5 对，内层总苞片呈线状披针形，顶端附属物膜质，透明，沿缘具少数小锯齿；小花淡紫色或粉红色，少数，边花不大。瘦果呈倒卵形或椭圆形，压扁，淡黄白色，被稀疏柔毛；冠毛白色，两列，外列数层，刚毛糙毛状向内渐长，内列一层，冠毛呈膜片状，极短。花果期 7—9 月。

生于砾石山坡、戈壁、荒地、河边，海拔 540—1500 米。产于新疆额敏、塔城、裕民、托里、霍城、伊宁、察布查尔、尼勒克、特克斯等市（县）。俄罗斯、中亚地区、阿富汗、伊朗有分布。

# 针刺矢车菊 *Centaurea iberica* Trevis.

## 菊科　Compositae　矢车菊属　*Centaurea* L.

二年生草本，高 20—70 厘米。直立，中上或中下部分枝，开展，灰绿色，被稀疏的多细胞节毛。基生叶大头羽状深裂或羽状全裂，有叶柄，早枯萎；茎中部叶无柄，侧裂片约 4 对，沿缘有时有稀疏不明显的尖齿或全缘，顶端和齿端有白色软骨质的小尖；向上叶渐小，最上部叶不分裂，沿缘有明显的锯齿，全部叶两面绿色，被稀疏的糙毛和腺点。头状花序多数，单生于茎枝顶端，排列成不明显的伞房状或伞房圆锥状；总苞呈卵形或卵球形，光滑无毛；总苞片 6—7 层，绿色或黄绿色；小花淡紫红色或紫红色，边花稍大。花期 7—9 月。瘦果呈椭圆形，灰色，稍被柔毛；冠毛白色，两列。果期 7—9 月。

生于山坡、荒地、河渠岸边，海拔 500—1200 米。产于新疆塔城、霍城、伊宁、察布查尔、巩留、库车等市（县）。分布于欧洲、俄罗斯、中亚地区、印度、巴基斯坦、伊朗。

# 菊苣 *Cichorium intybus* L.

菊科　Compositae　菊苣属　*Cichorium* L.

多年生草本，高 40—100 厘米。茎直立，单生，分枝开展或极开展，全部茎枝绿色，有条棱，被极稀疏的长而弯曲的糙毛、刚毛或几乎无毛。基生叶呈莲座状，花期生存，倒披针状长椭圆形，包括基部渐狭的叶柄，基部渐狭，有翼柄，大头状倒向羽状深裂、羽状深裂或不分裂而边缘有稀疏的尖锯齿，侧裂片 3—6 对或更多，顶侧裂片较大，向下侧裂片渐小，全部侧裂片呈镰刀形、不规则镰刀形或三角形。茎生叶少数，较小，卵状倒披针形至披针形，无柄，基部呈圆形或戟形扩大半抱茎。全部叶质地薄，两面被稀疏的多细胞长节毛，但叶脉及边缘的毛较多。头状花序多数，单生或数个集生于茎顶或枝端，或 2—8 个为一组沿花枝排列成穗状花序。总苞呈圆柱状；总苞片两层，外层呈披针形，上半部绿色，草质，边缘有长缘毛，背面有极稀疏的头状具柄的长腺毛或单毛，下半部淡黄白色，质地坚硬，革质；内层总苞片呈线状披针形，下部稍坚硬，上部边缘及背面通常有极稀疏的头状具柄的长腺毛并杂有长单毛。舌状小花蓝色，有色斑。瘦果呈倒卵状、椭圆状或倒楔形，外层瘦果压扁，紧贴内层总苞片，3—5 棱，顶端呈截形，向下收窄，褐色，有棕黑色色斑。冠毛极短，2—3 层，膜片状。花果期 5—10 月。

生于滨海荒地、河边、水沟边或山坡。分布于北京（百花山）、黑龙江（饶河）、辽宁（大连）、山西（汾阳）、陕西（西安、眉县、周至）、新疆（阿勒泰、哈巴河、福海、塔城、托里、裕民、博乐、沙湾、玛纳斯、乌鲁木齐、伊宁、察布查尔）、江西（遂川）。本种广布于欧洲、亚洲、北非。

菊苣叶可调制生菜，在我国四川（成都）及广东等地引种栽培。它的根含菊糖及芳香族物质，可提制作为代用咖啡，促进人体消化器官活动。

# 粉苞苣 *Chondrilla piptocoma* Fisch. et Mey.

菊科　Compositae　粉苞苣属　*Chondrilla* L.

多年生草本，被尘状白色柔毛，在放大镜下始可分辨，有的无毛。茎直立于基部分枝，基部毛特密，几乎成薄的毡状毛，有的毛脱落而光裸，常成紫红色。下部茎生叶（早枯未见）呈长圆形或倒卵形，倒向羽裂或具疏齿，中上部叶呈窄线形或丝状，渐尖，全缘。头状花序单生于小枝端或花序梗上；外层总苞片呈卵形、卵状长圆形或卵状三角形，内层总苞片 8 枚，条形，顶端渐尖，中脉清楚，边缘淡白色膜质，被毛同茎，淡绿色；舌状花约 10 朵，黄色，前端 5 齿裂。瘦果果体无突起或近顶端有少量的瘤或鳞片，齿冠 5 片鳞片，短，三裂，裂齿近等长，有喙，有关节，关节高于齿冠，先端头状变大。

产于新疆布尔津、奇台、乌鲁木齐、石河子、和布克赛尔、塔城、裕民、霍城、察布查尔、鄯善、阿克陶、乌恰、塔什库尔干等市（县）。分布于我国广大地区（仅华南无分布）。亚洲、欧洲、非洲、北美洲也有分布。

# 乳苣 *Mulgedium tataricum* (L.) DC.

菊科　Compositae　乳苣属　*Mulgedium* Cass.

多年生草本，无毛或有短柔毛，根粗壮，有根状茎。茎分枝，具细棱，下部茎生叶呈长圆形或长圆状披针形，侧向羽片深到浅裂，顶端渐尖，裂片呈长三角形。基部渐窄成不明显的柄，叶缘多具软骨质小尖头，主脉明显较宽，中上部叶与下部叶相似而较小，无柄，多全缘，上面绿色或两面粉绿色。头状花序排列成聚伞圆锥状，总苞呈窄钟状，总苞片 4 层，常带紫色，边缘白色膜质，外面三层覆瓦状排列，卵状披针形，里面一层呈披针状条形，先端钝。舌状花蓝紫色或淡紫色，舌片先端截平，有 5 齿，花药伸出花筒外，柱头裂片细棒状，略短于舌片。花期 5—9 月。瘦果呈倒卵状纺锤形，顶端渐窄成明显或不明显的喙，略背腹扁压，有 5 条较粗的棱，粗棱于腹面及两侧各一条，背面两条，粗棱间各有细棱 1—2 条；冠毛淡白色。

生于河谷、草甸、农田、林缘，海拔 900—4000 米，适应性强。产于新疆乌鲁木齐、玛纳斯、和布克赛尔、塔城、沙湾、乌苏、精河、温泉、伊宁、察布查尔、巩留、哈密、鄯善、吐鲁番、托克逊、和静、焉耆、库尔勒、柯坪、阿合奇、乌恰、阿图什、阿克陶、疏勒、英吉沙、塔什库尔干、莎车、叶城、和田、洛浦、策勒等市（县）。我国西藏有分布。中亚、西伯利亚、蒙古、伊朗、印度、欧洲也有分布。

# 天蓝岩苣 *Cicerbita azurea* (Ledeb.) Beauverd

菊科 Compositae 岩苣属 *Cicerbita* Wallr.

多年生草本，高 20—70 厘米。茎直立，不分枝，有细沟，下部无毛，上部密被腺毛。基生叶与下部茎生叶大头羽状全裂，顶端裂片大，宽卵形或卵状三角形，顶端急尖，边缘具波状齿，齿端多有小尖头，基部呈截形或心形，侧裂片小，三角形或不规则，叶轴具翅，叶柄于近基处变宽，叶无毛或于背面沿叶脉与叶柄有长单毛；中部叶无侧裂片，顶端渐尖，两侧具 1—2 对尖齿；上部叶呈披针线形或线形。头状花序排列成总状，花序轴于花序梗处密被腺毛，花序梗上有时有 1—2 枚小苞叶；总苞呈圆柱形，总苞片两层，蓝紫色，外面沿中肋被腺毛，外层总苞片 4—5 枚，小，披针形或长卵状披针形，先端渐尖，内层总苞片 7—9 枚，长圆状披针形，先端钝。舌状花天蓝色，前端 5 齿裂。花期 6—7 月。瘦果呈倒卵状长椭圆形，暗褐色或灰褐色，有粗细不等的棱多条，顶端缢缩后又扩大成冠毛盘；冠毛着生于其上，冠毛两种，外层极短，茸毛状，于放大镜下可见，不脱落，内层雪白色，易脱落。

生于森林带亚高山草甸，海拔 1200—3000 米。产于新疆富蕴、福海、阿勒泰、布尔津、奇台、阜康、乌鲁木齐、呼图壁、玛纳斯、沙湾、塔城、精河、霍城、新源、巩留、特克斯、昭苏、哈密、和硕、叶城等市（县）。西伯利亚、蒙古、中亚有分布。

# 宽叶香蒲 *Typha latifolia* L.

## 香蒲科　Typhaceae　香蒲属　*Typha* L.

多年生水生或沼生草本。根状茎粗壮，乳黄色，先端白色；茎直立，粗壮。叶片扁平，条形；叶鞘呈圆筒形，具白色膜质边。雌雄花序彼此相连接，很少分离；雄花序轴具灰白色弯曲的柔毛；雄花具2—3枚雄蕊，花丝短于花药，基部合生成短柄，花药纵裂，花粉粒为四合体，橘红色或黄色；雌花序绿褐色至红褐色，老熟后变为灰白色；雌花无苞片；孕性雌花柱头呈披针形，子房呈椭圆形，子房柄基部着生多数淡褐色分枝的丝状毛，稍明显地短于花柱，柱头褐色，匙形或卵状披针形，肉质，宿存，花序中有许多不育花，具倒圆锥形的退化子房，子房柄较粗壮。花期6—7月。小坚果呈披针形，褐色，果皮通常无斑点。果期7—8月。

生于平原绿洲中的湖泊、溪渠、河滩浅水中。产于新疆阿勒泰、呼图壁、玛纳斯、石河子、和布克赛尔、塔城、霍城、库尔勒、疏勒等市（县）。分布于我国东北、华北、西北以及浙江、四川、贵州、西藏等地。亚洲、欧洲、美洲、大洋洲均有分布。

# 水烛 *Typha angustifolia* L.

香蒲科　Typhaceae　香蒲属　*Typha* L.

多年生水生或沼生草本。具根状茎；地上茎直立，高 1—2 米。叶片呈条形，扁平或下面稍隆起，深绿色；叶鞘细长，紧裹茎，具膜质边。雌雄花序相距 2.5—7 厘米；雄花序轴具褐色扁柔毛，单出或分叉，叶状苞片 1—3 枚，花后脱落；雄花具 2—3 枚雄蕊，花粉粒单体，近球形、卵形或三角形，花丝短、细弱，下部合生成柄，向下渐宽；雌花序呈圆柱形，成熟时淡褐色，有时出现两节雌花序相连的现象，基部具一枚叶状苞片，通常比叶宽，花后脱落；雌花的小苞片呈匙形，质硬，具细柄，先端黄褐色；孕性雌花柱头褐色，窄条形或披针形，子房呈纺锤形，具褐色斑点，子房柄纤细，子房柄基部的白色丝状毛约与苞片等长或稍短于柱头；不孕雌花子房呈倒圆锥形，具褐色斑点，先端黄褐色，柱头短尖。花期 6—7 月。小坚果呈长椭圆形，具褐色斑点，纵裂。果期 7—9 月。

生于湖泊、溪渠、河边浅水中，河滩积水沼泽及水稻田间习见。产于新疆富蕴、阿勒泰、玛纳斯、沙湾、塔城、伊宁、新源、鄯善、焉耆、库尔勒、阿克苏等市（县）。分布于我国南北各省。北半球大都有分布。

# 泽泻 *Alisma plantago-aquatica* L.

## 泽泻科　Alismataceae　泽泻属　*Alisma* L.

多年生水生或沼生草本。具短缩的块根头，直径1—3.5厘米或更大。叶基生，通常多数，沉水叶呈条形或披针形，挺水叶呈宽披针形、椭圆形至卵形，顶端渐尖，少数急尖，基部呈宽楔形、线心形或近于圆形，具5—7条弧形脉，横脉多数，叶柄基部扩大成鞘，边缘膜质。花葶直立；序具3—8轮分枝，每节轮生6—9个分枝，轮生的分枝可再分枝，形成圆锥状复伞形花序，伞形花序的梗不等长，纤细；苞片呈披针形，花两性；外轮花被片三枚，绿色，卵形或宽卵形，稍尖，通常具7条脉，边缘膜质；内轮花被片三枚，红色或白色，顶端圆，边缘具不规则粗齿，远大于外轮；雄蕊长为雌蕊的2倍，花药呈长圆形，黄色；心皮17—23个，整齐地排列于平凸的花托上，花柱直立，长于子房，柱头短，约为花柱的1/9—1/5。外轮花被片三枚，绿色；内轮花被片三枚，红色或白色。花期5—8月。瘦果呈椭圆形，两侧扁，果喙自腹侧伸出，具1—2条不明显的浅沟，下部平。果期7—9月。染色体$2n = 14$。

生于浅水中。产于新疆塔里木盆地。俄罗斯有分布。

# 旱麦草 *Eremopyrum triticeum* (Gaertner) Nevski

禾本科　Gramineae　旱麦草属　*Eremopyrum* (Ldb.) Jaub. et Spach

一年生草本。秆基部膝曲，花序下被微毛，具3—4节。叶鞘短于节间，上部显著膨大，无毛或下部被微毛；叶舌薄膜质，截平；叶片扁平，两面粗糙或被微毛。穗状花序短小，卵状椭圆形，排列紧密；小穗草绿色，含3—6朵花，与穗轴几乎成直角，小穗轴扁平；颖无毛，披针形，先端渐尖，二颖基部稍有连合，背部隆起，其二脉粗壮而互相靠近成脊；花药黄色。花期5—6月。

生于荒漠及荒漠草原、早春水分较好的生境中。产于新疆乌鲁木齐、昌吉、呼图壁、玛纳斯、沙湾、塔城、霍城、伊宁、新源、巩留等市（县）。分布于我国内蒙古。伊朗、俄罗斯以及欧洲也有分布。

# 沙芦草 *Agropyron mongolicum* Keng

## 禾本科 Gramineae 冰草属 *Agropyron* Gaertner

多年生草本，根须状，长而密集，外被沙套。具根状茎；秆呈疏丛，直立，有时基部横卧而节生根成匍匐茎状，具2—3节，亦有达6节者，节常膝曲。叶鞘短于节间，紧密裹茎；叶舌截平；叶片平滑无毛，边缘常收缩或内卷成针状。穗状花序小穗斜向上排列于穗轴两侧；穗轴下部平滑或生微毛；小穗轴节间无毛或有微毛；颖两侧多不对称，具3—5条脉，边缘膜质；外稃无毛或被微毛，具5条脉，边缘膜质，基盘钝圆，脊具短纤毛；花药淡黄色或淡白色；子房顶有毛。颖果呈椭圆形。花果期5—7月。

生于阿尔泰山和准噶尔西部山地的低山、丘陵及山麓地带的草原和草原化荒漠上的沙壤土或沙地。集中分布于阿尔泰山南麓和准噶尔西部山地，在乌伦古河以南、海拔600米的覆沙地，是组成草原化荒漠的建群种。产于新疆富蕴、福海、阿勒泰、布尔津、哈巴河、吉木乃、额敏、托里等市（县）。分布于我国内蒙古、山西、陕西、甘肃等地。

沙芦草春季返青早，秋季枯黄晚，营养价值高，各类家畜喜食，属优等牧草。目前在我国已有引种栽培，是沙壤土退化草场和沙地草场进行补播的良好牧草，亦是防风固沙、防止水土流失的固沙植物。

## 冰草 *Agropyron cristatum* (L.) Beauv.

禾本科 Gramineae 冰草属 *Agropyron* Gaertner

多年生草本，根须状，密生，外具沙套。秆呈疏丛，上部被短柔毛或无毛，直立或基部膝曲，具2—3节，有时分蘖横走或下伸成根茎。叶鞘紧密裹茎，短于节间，粗糙或边缘微具短毛；叶舌膜质，顶端截平而稍有细齿；叶片质地较硬而粗糙，边缘常内卷。穗状花序直立，较粗壮，矩圆形或两端稍窄，穗轴生短柔毛；小穗紧密地排列成两行，整齐地呈篦齿状，各含4—7朵花；小穗轴节间无毛或具微毛；颖呈舟形，常具二脊或为一脊，脊上连同背部脉间被长刺毛；外稃呈舟形，边缘窄膜质，被长刺毛，基盘钝圆；内稃与外稃呈窄矩圆形，先端二齿裂，脊具短小刺毛；花药黄色。颖果长4毫米。花果期6—9月。染色体 $2n = 14$，28，42。

生于天山、阿尔泰山和准噶尔西部山地的荒漠草原、草原和高寒草原，海拔600—4000米，是典型草原的建群种、亚建群种或主要伴生种。产于新疆青河、布尔津、乌鲁木齐、沙湾、精河、托里、温泉、伊宁、新源、昭苏、和硕、和静、焉耆、库车、拜城、阿克苏、乌恰、疏勒等市（县）。分布于我国东北、华北、西北各省和西藏等地。蒙古、俄罗斯、中亚和西伯利亚也有分布。

优等牧草，现已被引入栽培。

# 布顿大麦草 *Hordeum bogdanii* Wilensky

禾本科　Gramineae　大麦属　*Hordeum* L.

多年生草本。具根状茎，形成疏丛；秆直立，基部有时膝曲，节稍突出，密被灰毛。叶鞘幼嫩时被柔毛；叶舌膜质；叶片长 6—15 厘米，宽 4—6 毫米。穗状花序通常呈灰绿色，穗轴易断落；三联小穗两侧具柄，外稃贴生细毛；中间小穗无柄。颖呈针状，外稃先端具芒，背部贴生短柔毛或细刺毛；花药黄色。花果期 6—9 月。染色体 $2n = 14$。

生于南北疆平原绿洲中的河漫滩、水库和水渠边，是沼泽化低地草甸的优势种。产于新疆富蕴、阿勒泰、吉木乃、奇台、乌鲁木齐、玛纳斯、石河子、沙湾、乌苏、和布克赛尔、托里、伊宁、尼勒克、巩留、特克斯、昭苏、鄯善、吐鲁番、托克逊、焉耆、库尔勒、尉犁、阿克苏、巴楚、疏勒、莎车等市（县）。分布于我国甘肃、青海等省。蒙古、中亚、西伯利亚和欧洲也有分布。

# 拂子茅 *Calamagrostis epigeios* (L.) Roth

## 禾本科 Gramineae 拂子茅属 *Calamagrostis* Adans.

多年生草本。具根状茎；秆直立，平滑无毛或花序下稍粗糙。叶鞘平滑或稍粗糙，短于或基部者长于节间；叶舌膜质，长圆形，先端易撕裂，叶片扁平或边缘内卷，上面及边缘粗糙，下面较平滑。圆锥花序紧密，圆筒形，直立，具间断，分枝粗糙，直立或斜向上升；小穗淡绿色或带淡紫色。两颖近等长或第二颖稍短，先端渐尖，第一颖具一条脉，第二颖具三条脉，主脉粗糙；外稃膜质，顶端具二齿，基盘两侧的柔毛几乎与颖等长，芒自稃体背面中部附近伸出，细直；内稃顶端细齿裂；小穗轴不延伸于内稃之后，或仅于内稃基部残留一个微小的痕迹；花药黄色。花果期6—9月。染色体 $2n = 28$，42，56。

生于南北疆平原绿洲及天山、阿尔泰山、准噶尔西部山地和昆仑山区的中低山带，海拔500—2100米，常见于水分条件较好的田边、地埂、河边及山地，是组成平原草甸和山地河谷草甸的建群种。产于新疆阿勒泰、布尔津、乌鲁木齐、玛纳斯、乌苏、精河、额敏、塔城、裕民、托里、博乐、温泉、新源、伊吾、若羌、巴楚、莎车、泽普、和田、策勒等市（县）。分布遍及全国。亚欧大陆温带地区皆有。

# 棒头草 *Polypogon fugax* Nees ex Steud.

禾本科　Gramineae　棒头草属　*Polypogon* Desf.

一年生草本。秆丛生，基部膝曲，大都光滑。叶鞘光滑无毛，大都短于或下部者长于节间；叶舌膜质，长圆形，顶端常二裂或具不整齐的裂齿；叶片扁平，微粗糙或下面光滑。圆锥花序穗状，长圆形或卵形，有间断；小穗灰绿色；颖呈长圆形；疏被短硬毛，先端二浅裂，芒从裂口处伸出，细直，微粗糙，约与颖等长；雄蕊三枚。花期 6—9 月。颖果呈椭圆形，一面扁平。果期 6—9 月。

生于平原绿洲及山区的水溪边，海拔 300—3500 米。产于新疆鄯善、吐鲁番、托克逊、阿图什、乌恰、疏勒、塔什库尔干、策勒等市（县）。分布于全国各地。俄罗斯、朝鲜、日本、印度、不丹、缅甸等地也有分布。

# 芨芨草 *Achnatherum splendens* (Trin.) Nevski

禾本科 Gramineae 芨芨草属 *Achnatherum* Beauv.

多年生草本。须根粗而坚韧，常被沙套。秆直立，坚韧，内具白色的髓，形成大的密丛，平滑无毛，具2—3节，多聚于基部，基部宿存枯萎的黄褐色叶鞘。叶鞘无毛，具膜质边缘；叶舌呈三角形或尖披针形；叶片扁平或纵卷，质坚韧，上面脉纹突起，微粗糙，下面光滑无毛。圆锥花序，开花时呈金字塔形开展，主轴平滑，或具角棱而微粗糙，分枝细弱，2—6枚簇生，平展或斜向上升，基部裸露；小穗灰绿色，基部带紫褐色，成熟后常变为草黄色；颖膜质，披针形，顶端尖或锐尖，第一颖具一条脉，第二颖具三条脉；花药顶端具毫毛。花果期6—8月。

生于平原绿洲及山区地下水位较高的扇缘低地、河流三角洲、河湖周围和地表径流汇积的低地草甸与河谷草甸。产于新疆各地。分布于我国西北、东北各省及内蒙古、山西、河北。中亚、西伯利亚和欧洲也有分布。

芨芨草是牲畜良好的牧草，也是纸张、人造纤维和编织物的原料。

# 隐花草 *Crypsis aculeata* (L.) Ait.

禾木科　Gramineae　隐花草属　*Crypsis* Ait.

一年生草本，须根细弱。秆平卧或斜升，具分枝，光滑无毛。叶片呈条状披针形，先端内卷成针刺状，上面微粗糙，下面平滑。圆锥花序短缩成头状，下面紧托两枚膨大的苞片状叶鞘；小穗淡黄白色；颖膜质，不等长，顶端钝，具一条脉，脉上粗糙或生纤毛，第一颖呈窄条形，第二颖呈披针形；外稃长于颖，薄膜质，具一条脉；内稃与外稃同质，等长或稍长于外稃，具极接近而不明显的两条脉；雄蕊两枚，花药黄色。颖果呈囊果状，长圆形或楔形。花果期 6—9 月。

生于新疆平原绿洲上的河漫滩、水泛地、汇水洼地以及水边的沼泽化草甸。产于新疆布尔津、哈巴河、奇台、和布克赛尔、吐鲁番、托克逊、焉耆、尉犁、库车、拜城、疏勒、伽师、莎车等市（县）。分布于我国内蒙古、甘肃、陕西、山西、河北、山东、江苏、安徽等地。亚欧大陆寒湿地区也有分布。

# 球穗藨草 *Scirpus strobilinus* Roxb.

莎草科 Cyperaceae 藨草属 *Scirpus* L.

多年生草本。具匍匐根状茎和块茎，块茎小，卵形；单秆，三棱形，平滑，中部以上生叶。叶扁平，条形，稍坚挺，秆上部的叶长于或等长于秆，边缘和背面中肋稍粗糙或否。叶状苞片2—3枚，长于花序。长侧枝聚伞花序短缩成头状，罕见有短辐射枝，通常具一至十余个小穗；小穗呈卵形，具多数花；鳞片呈长圆状卵形，膜质，淡黄色，外面稀被短毛，顶端有缺刻，背面具一条中肋并于顶端延长为芒尖；下位刚毛6条，其中4条短，2条较长，长为小坚果的1/2或更长，具倒刺；雄蕊3枚，花药丝状长圆形，药隔突出部分较长，被毛；花柱细长，柱头二裂。小坚果呈宽倒卵形，双凸状，黄白色，成熟时呈深褐色，具光泽。花果期6—9月。

生于新疆平原绿洲的浅水沼泽、湿草地及溪水边，在塔里木盆地分布较为集中，成为沼泽草甸的主要伴生种，有时也形成优势群落。产于新疆阿勒泰、布尔津、博乐、巴里坤、库尔勒、轮台、尉犁、且末、阿克苏、阿图什、巴楚、喀什、策勒等市（县）。分布于我国甘肃省。中亚、伊朗、印度也有分布。

# 水葱 *Scirpus tabernaemontani* Gmel.

## 莎草科　Cyperaceae　藨草属　*Scirpus* L.

多年生草本。叶鞘无毛，膜质，下部淡褐色，通常无叶片，少数仅上面一个叶鞘具小的狭条形叶片。长侧枝聚伞花序假侧生，简单或复出，具三至十余个不等长的辐射枝。苞片1—2枚，其中一枚恰如秆的延长部分，直立向上，通常比花序短；小穗呈卵形或卵状长圆形，具多数花，单生或2—3个簇生于辐射枝顶端；鳞片呈椭圆形或宽卵形，膜质，边缘微透明，具纤毛，顶端微凹缺，背部具中肋，延伸至凹缺处成小尖，背部红褐色，通常具暗紫红色瘤状突起；下位刚毛6条，与小坚果近等长，红褐色，具倒刺；雄蕊三枚。小坚果呈倒卵形，近于扁平，稍呈平凸状，灰褐色，平滑，柱头二裂。花果期5—8月。

生于新疆平原绿洲及山区的积水沼泽、水边湿草地及水稻田里，海拔100—3700米。产于新疆青河、富蕴、福海、阿勒泰、布尔津、奇台、乌鲁木齐、玛纳斯、石河子、沙湾、和布克赛尔、裕民、托里、伊宁、察布查尔、特克斯、昭苏、巴里坤、吐鲁番、托克逊、焉耆、拜城、库尔勒、疏勒、疏附、莎车、叶城、塔什库尔干、和田等市（县）。分布于我国甘肃、陕西、山西、河北、四川、江苏以及东北等地。俄罗斯、日本、朝鲜、美洲和大洋洲也有分布。

茎可供编织和用作造纸原料。

# 红鳞扁莎 *Pycreus sanguinolentus* (Vahl) Nees

莎草科　Cyperaceae　扁莎属　*Pycreus* Beauv.

根为须根。秆密丛生，扁三棱形，平滑。叶稍多，常短于秆，少有长于秆，平张，边缘具白色透明的细刺。苞片3—4枚，叶状，近于平向开展，长于花序；简单长侧枝聚伞花序，具3—5个辐射枝；辐射枝有时极短，因而花序近似头状，由4—12个或更多小穗密聚成短的穗状花序；小穗辐射开展，长圆形、线状长圆形或长圆状披针形，具6—24朵花；小穗轴直，四棱形，无翅；鳞片稍疏松地覆瓦状排列，膜质，卵形，顶端钝，背面中间部分黄绿色，具3—5条脉，两侧具较宽的槽，麦秆黄色或褐黄色，边缘暗血红色或暗褐红色；雄蕊3枚，少数2枚，花药呈线形；花柱长，柱头二裂，细长，伸出鳞片之外。小坚果呈圆倒卵形或长圆状倒卵形，双凸状，稍肿胀，长为鳞片的1/2—3/5，成熟时黑色。花果期7—12月。

生于山谷、田边、河旁潮湿处或浅水处，多在向阳的地方。分布于我国东北、内蒙古、山西、陕西、甘肃、新疆、山东、河北、河南、江苏、湖南、江西、福建、广东、广西、贵州、云南、四川等地。地中海区域、中亚细亚、非洲、越南、印度、菲律宾、印度尼西亚、日本和俄罗斯（阿穆尔州）也有分布。

# 萱草 *Hemerocallis fulva* (L.) L.

## 百合科 Liliaceae 萱草属 *Hemerocallis* L.

栽培植物。地下根肉质块状。叶基生，宽线形，两面光滑无毛，背面具一条明显的主脉。花葶多数，漏斗形，橘红色或黄色；花被片 6 枚，长圆状披针形，开展后向外反卷，花被管长圆形，雄蕊 6 枚，着生于花被管上端，短于花被片，花药近基着，长圆形，花柱细长，柱头呈头状。花期 6—7 月。蒴果呈椭圆形，种子多数。果期 8—9 月。花可食用。

新疆各地均有栽培。原产于中国南部地区，主要分布于秦岭南北坡，多栽培。

# 野韭 *Allium ramosum* L.

百合科　Liliaceae　葱属　*Allium* L.

多年生草本植物。鳞茎外皮暗黄色至黄褐色，近圆柱状，破裂成纤维状或网状。茎圆柱状，具纵棱，下部被叶鞘。叶呈三棱状条形，背面具龙骨状隆起的纵棱，中空，稍短于茎，叶沿叶缘和纵棱具细糙齿，有时光滑。总苞单侧开裂至二裂，宿存。伞形花序半球状或近球状，多花；基部除具小苞片外常在数枚小花梗的基部又被一枚共同的苞片所包围。花白色，稀淡红色；花被片具红色中脉，内轮呈矩圆状倒卵形，先端具短尖头或钝圆，外轮与内轮等长，矩圆状卵形至矩圆状披针形，先端具短尖头；基部合生并与花被片贴生，分离部分呈狭三角形，内轮稍宽；子房呈倒圆锥状球形，具三圆棱，外壁具细的疣状突起。花果期 6—7 月。

生于海拔 1000—2000 米的山地草原带中。产于新疆阿勒泰、伊犁地区以及和静县（巴伦台）。分布于我国黑龙江、吉林、辽宁、河北、内蒙古、陕西、宁夏等地。中亚也有分布。

# 蓝苞葱 *Allium atrosanguineum* Kar. et Kir.

百合科 Liliaceae 葱属 *Allium* L.

多年生草本。鳞茎外皮灰褐色或淡紫色，有时破裂呈条状，略呈纤维状；茎呈圆柱状。1—3 枚，管状，中空，短于茎；下部 1/3 处具叶鞘。总苞蓝色，二裂，与花序近等长；花序呈球状；小花梗不等长，基部无小苞片；花大，黄色，后变红色或紫色；花被片呈矩圆状披针形或披针形，花被两层，内轮比外轮短。花期 6 月。果期 7—8 月。

生于山地草原带及林间空地，海拔 3000—4500 米。产于新疆各地。分布于中亚。

# 新疆玉竹 *Polygonatum roseum* (Ledeb.) Kunth

百合科 Liliaceae 黄精属 *Polygonatum* Mill.

多年生草本植物。根状茎呈细柱形，匍匐横生，其节间乳白色或淡黄色。茎光滑，无毛。叶轮生 3—4 枚，两面光滑，无毛。花 1—2 朵，着生在叶腋；苞片极小；花冠呈钟状，顶端 6 裂，紫色或淡紫色；雄蕊 6 枚，花丝极短，着生在花被管内；花柱长，柱头三裂。花期 6 月。浆果近圆形，红色；种子 2—7 枚，淡黄色。果期 7—8 月。

生于 1500—2500 米的山地草甸带中及云杉林下。产于新疆阿勒泰、哈巴河、富蕴、布尔津、青河、木垒、奇台、吉木萨尔、阜康、乌鲁木齐（南山）、昌吉、石河子、沙湾、乌苏、托里、额敏、塔城、裕民、和布克赛尔、温泉、博乐、霍城、察布查尔、特克斯、昭苏、尼勒克、巩留、新源、巴里坤、和静等市（县）。

本种是一种中药材，具有养阴、生津益胃之功效。中医中常作玉竹用。个别地方把该种的地下茎当作黄精用，这是错误的。

# 鸢尾蒜 *Ixiolirion* (Fisch.) *tataricum* (Pall.) Herb.

石蒜科 Amaryllidaceae 鸢尾蒜属 *Ixiolirion* (Fisch.) Herb.

多年生草本。鳞茎呈卵形，棕褐色。茎无毛。基生叶3—5枚，线形，先端狭渐尖，叶缘稍内卷，全缘，被乳突及纤毛；茎生叶1—2枚；总苞片呈披针形，先端渐尖，边缘膜质，小苞片呈披针形，膜质。花被片离生。花色紫色或蓝紫色，并具三条深紫色脉，外轮三枚，条形或长椭圆披针形，先端具簇状白色短毛，内轮三枚，倒披针形，先端钝或短尖，中脉下面隆起；雄蕊花丝紫红色，丝状，着生于花被茎部；花药基部着生，黄色，线形；柱头三裂，子房呈椭圆形，光滑。蒴果呈长圆形。顶端三裂；种子多数，长圆形或长卵形，黑色，表面具皱纹。花期4—6月。果期5—6月。染色体 $2n = 24$。

生于天山及准噶尔盆地边缘绿洲平原，海拔500—2400米云杉林下、干旱山坡、低山冲积扇缘地带、垦区路旁、田野及弃耕地。产于新疆乌鲁木齐、昌吉、玛纳斯、石河子、沙湾、奎屯、托里、裕民、塔城、伊宁、霍城、特克斯、巩留、尼勒克等市（县）。哈萨克斯坦、俄罗斯（西伯利亚）、巴基斯坦等地有分布。

# 细叶鸢尾 *Iris tenuifolia* Pall.

鸢尾科　Iridaceae　鸢尾属　*Iris* L.

多年生密丛草本，植株基部残留老叶叶鞘。根状茎块状，短粗，木质，黑褐色，分枝少。叶丝状，扭曲卷旋，中脉不明显。花茎甚短，不伸出地面；苞片 4 枚，披针形，先端尾尖，边缘膜质，中脉明显，内包有 2—3 朵花；花蓝紫色；外花被裂片呈匙形，爪长，中央呈沟状，无附属物，有时具纤毛，内花被裂片直立；花柱具分枝，顶端呈三角形，子房呈圆柱状。花期 5—6 月。蒴果呈倒卵形，顶端有短喙，成熟后开裂；种子呈长圆形;表面多皱纹，黑褐色。果期 6—9 月。染色体 $2n = 20$，28。

生于天山、阿尔泰山及北塔山海拔 780—1400 米的山地草甸草原，前山冲积扇荒漠草原，海拔 500—620 米的沙地及半固定沙丘。产于新疆阿勒泰、布尔津、塔城、托里、伊宁、霍城、新源、巩留等市（县）。我国西北、东北、华北各省及西藏均有分布。蒙古、阿富汗、土耳其及俄罗斯也有分布。

# 喜盐鸢尾 *Iris halophila* Pall.

鸢尾科　Iridaceae　鸢尾属　*Iris* L.

多年生草本。根状茎粗状，斜伸，具环纹，有老叶叶鞘残留；须根皱缩。叶剑形，具 9—12 条纵脉，中脉不明显。花茎粗状，具侧枝 1—4 条，茎生叶 1—2 枚；苞片三枚，草质，边缘膜质，内包有两朵花；花黄色；外花被裂片呈提琴形，内花被裂片较前者略短；雄蕊花药黄色；花柱分枝，扁平，呈拱形弯曲，子房呈纺锤形。花期 5—7 月。蒴果具 6 条棱，翅状，顶端具长喙，成熟后开裂；种子黄棕色，表面皱缩，具光泽。果期 7—8 月。染色体 $2n = 20$。

生于天山、阿尔泰山海拔 1000—1700 米的山谷湿润草地及河岸荒地，海拔 600—800 米的低山盐碱草甸草原及低洼荒地，在阿尔金山海拔 3800 米的干旱山坡偶见生长。产于新疆富蕴、阿勒泰、布尔津、哈巴河、青河、奇台、乌鲁木齐、呼图壁、玛纳斯、石河子、奎屯、塔城、托里、裕民、和布克赛尔、博乐、温泉、霍城、伊宁、尼勒克、新源、巩留、特克斯、昭苏、哈密、巴里坤、若羌、库车、拜城等市（县）。分布于我国甘肃省。俄罗斯、中亚也有分布。

# 火烧兰 *Epipactis palustris* (L.) Crantz

兰科　Orchidaceae　火烧兰属　*Epipactis* Zinn.

植株高20—60厘米，根茎匍匐。茎直立，具条棱，上部微被毛，下部无毛。叶互生，下部叶呈卵圆形，鞘状，基部有叶，中部叶呈卵圆形至披针形，上部叶更小，披针形，叶基抱茎，无鞘。总状花序轴毛稀疏，花下垂，黄色；苞片呈披针形，常短于花；外花被下部连合，披针形、广椭圆形至披针形，先端渐尖，绿色，萼内部具紫红色条纹，具三条脉，外面被稀疏毛；花瓣呈圆形至广椭圆形，先端钝，无毛，具三条脉，多少短于萼，外面白色，下部紫色或玫瑰红色；唇瓣先端细裂，裂片微凹，外面玫瑰色至白色，内下方为橙色，并具疣点和玫瑰红或紫色脉；前唇宽，椭圆形，先端钝；中部稍弯，边缘波状具凹缺，基部狭窄，具突起，具明显的缢缩；下唇有深裂纵沟，裂片伸展，有3—4枚半圆形鸡冠状褶片，下部边缘有突起的裂片，黄色；花粉块黄色；子房被毛。花期6—7月。染色体$2n=90$。

新疆仅见于阿勒泰县城郊区、额尔齐斯河岸及玛纳斯天山山麓的草甸草原。国外在哈萨克斯坦、俄罗斯高加索与东西伯利亚、西欧、地中海、巴尔干半岛等地有分布。

# 阴生红门兰 *Orchis umbrosa* Kar. et Kir.

兰科 Orchidaceae 红门兰属 *Orchis* L.

植株高 15—55 厘米，块茎 3—6 深裂。茎直立，基部粗状，中空。茎生叶 6—7 枚，线形披针形，先端渐尖，下部有叶，基部狭窄，上部叶渐狭窄。穗状花序顶生，圆柱状或短柱状；苞片叶状，绿色，披针形，先端渐尖，下部苞片长于或等于花长，上部短于花长；花紫色或绛红色；萼片等长，直立或偏斜，卵圆形或披针形，先端钝；唇瓣呈菱状圆形或圆形，具小乳头状突起，基部全缘，1/2 处向先端为波状齿或三浅裂，最宽处在中部，圆筒状，先端钝，稍弯曲；花药生于雄蕊顶端，二室；花粉块两个，粉粒状，具短柄及黏盘；黏囊一个，卵球形；子房扭转。花期 5—7 月。染色体 $2n = 40$。

生于天山海拔 700—3000 米的河滩湿地草甸、亚高山河谷草甸，最高生于塔什库尔干海拔 4000 米的高山沼泽草甸、山坡阴湿草地。产于新疆乌鲁木齐（南山）、玛纳斯、精河、塔城、伊宁、察布查尔、尼勒克、新源、巩留、昭苏、伊吾、哈密、托克逊、焉耆、和静、库车、新和、乌恰、阿克陶、喀什、塔什库尔干、叶城等市（县）。哈萨克斯坦、俄罗斯（西伯利亚）、阿富汗、印度等地有分布。

常见鸟类

# 斑翅山鹑 *Perdix dauuricae*

鸡形目　GALLIFORMES　雉科　Phasianidae

雄性成鸟头顶、枕和后颈暗灰褐色，具棕白色羽干纹；雌性成鸟羽色和雄鸟基本相同，顶暗褐色，羽干纹暗棕色，耳羽浓栗色。栖息于平原、森林、草原、灌丛草地、低山丘陵和农田荒地等各类生态环境中。主要以植物种子和嫩芽为食，兼食昆虫。繁殖期为 5—7 月。

# 环颈雉 *Phasianus colchicus*

## 鸡形目　GALLIFORMES　雉科　Phasianidae

雄鸟羽色艳丽，多具金属反光，尾羽长。雌鸟羽色暗淡，大都为褐色和棕黄色，杂以黑斑，尾羽较短。栖息于低山丘陵至平原、沼泽和农田。单独或成小群活动，善奔跑。杂食性，随季节变化而吃不同的植物性食物和小型无脊椎动物。繁殖期为 3—7 月，一雄多雌制，窝卵数 6—22 枚，雏鸟早成。

## 豆雁 *Anser fabalis*

### 雁形目　ANSERIFORMES　鸭科　Anatidae

成鸟头、颈、背灰褐色，带淡黄色羽缘，体长69—80厘米，体重约3千克。主要栖息于开阔的平原草地、沼泽、水库、江河、湖泊、沿海海岸和附近农田地区。以植物性食物为食，吃植物果实、种子，也吃少量软体动物。繁殖期为5—7月。

# 灰雁 *Anser anser*

## 雁形目　ANSERIFORMES　鸭科　Anatidae

喙为粉红色，头部、颈部为黑褐色；背部和飞羽为黑褐色，飞羽翼缘为白色；胸部和腹部为灰褐色，两胁具有黑色横纹，尾下覆羽为白色，雌雄无明显差异。栖息于开阔的大型湖泊、水库、滩涂草洲和农田等湿地生境中。一般集大群活动，群体数量多时可达数千只。主要以滩涂草洲的各种草本植物为食，偶尔在农田中取食散落的稻谷。繁殖期为6—7月，营巢于水边草丛或芦苇丛中。

# 大天鹅 *Cygnus cygnus*

雁形目　ANSERIFORMES　鸭科　Anatidae

国家二级重点保护野生动物。候鸟，通体雪白色，仅头稍沾棕黄色。栖息于开阔的、水生植物繁茂的浅水水域。性喜集群，除繁殖期外常成群生活，特别是冬季，常成家族群活动，有时也多达数十至数百只的大群栖息在一起。主要以水生植物的叶、茎、种子和根为食。繁殖期为5—6月。

# 疣鼻天鹅 *Cygnus olor*

雁形目　ANSERIFORMES　鸭科　Anatidae

国家二级重点保护野生动物。雄鸟浑身雪白，头顶至枕略沾淡棕色。眼先裸露，黑色；喙基、喙缘亦为黑色，其余喙呈红色，前端稍淡，近肉桂色，喙甲褐色，前额有突出的黑色疣状物；跗跖、蹼、爪黑色，虹膜棕褐色。雌鸟羽色和雄鸟相同，但体形较小，前额疣状突不显。主要栖息在水草丰盛的开阔湖泊、河湾、水塘、水库、海湾、沼泽和水流缓慢的河流及其岸边等地。主要以水生植物的叶、根、茎、芽和果实为食。繁殖期为3—5月。

# 赤麻鸭 *Tadorna ferruginea*

雁形目　ANSERIFORMES　鸭科　Anatidae

全身赤黄褐色，翅上有明显的白色翅斑和铜绿色翼镜；喙、脚、尾黑色；雄鸟有一黑色颈环。栖息于江河、湖泊、河口、水塘及其附近的草原、荒地、沼泽、沙滩、农田和平原疏林等各类生境中，尤喜平原上的湖泊地带。以草、谷物、陆生植物嫩芽、沉水植物、陆生及水生无脊椎动物等为食，亦可取食小型鱼类与两栖类。繁殖期为 4—6 月。

# 赤膀鸭 *Anas strepera*

## 雁形目　ANSERIFORMES　鸭科　Anatidae

雄鸟喙黑色，脚橙黄色。上体暗褐色，背上部具白色波状细纹，腹白色，胸暗褐色而具新月形白斑，翅具棕栗色横带和黑白二色翼镜。雌鸟喙橙黄色，喙峰黑色。上体暗褐色而具白色斑纹，翼镜白色。栖息于江河、沼泽及湖泊等湿地中。主要以植物的种子、嫩芽和幼苗等植物性食物，以及昆虫和软体动物等动物性食物为食。繁殖期为 5—7 月。

# 绿头鸭 *Anas platyrhynchos*

## 雁形目　ANSERIFORMES　鸭科　Anatidae

雄鸟喙黄绿色，掌橙黄色，头颈灰绿色，颈部有一明显的白色颈环。上体黑褐色，腰和尾上覆羽黑色，胸栗色。翅、两胁和腹灰白色。雌鸟喙黑褐色，喙端暗棕黄色，掌橙黄色。主要栖息于水生植物丰富的湖泊、河流、池塘、沼泽等水域中；冬季和迁徙期间也出现在开阔的湖泊、水库、江河、沙洲和海岸附近沼泽和草地。食性广而杂，常以植物的种子、茎、叶和藻类、谷物以及小鱼、甲壳类动物、昆虫等为食。繁殖期为4—6月。

# 鹊鸭 *Bucephala clangula*

雁形目　ANSERIFORMES　鸭科　Anatidae

雄鸟头黑色，两颊近喙基处有大型白色圆斑。上体黑色，颈、胸、腹、两胁和体侧白色。喙黑色，眼金黄色，掌橙黄色。雌鸟略小，喙黑色，先端橙色，头颈褐色，眼淡黄色，颈基有白色颈环；上体淡黑褐色，上胸、两胁灰色；其余下体白色。栖息于流速缓慢的河流、溪流、水塘、湖泊等水域。主要以小鱼、虾、蝌蚪、水生昆虫等小型水生动物为食。繁殖期为5—7月。

# 普通秋沙鸭 *Mergus merganser*

## 雁形目　ANSERIFORMES　鸭科　Anatidae

雄鸟头和上颈黑褐色，具绿色金属光泽，枕部有短的黑褐色冠羽。下颈、胸以及整个下体和体侧白色，背黑色，翅上有大型白斑，腰和尾灰色。雌鸟头和上颈棕褐色，上体灰色，下体白色；冠羽短，棕褐色；喉白色。繁殖期主要栖息于森林和森林附近的江河、湖泊和河口地区，也栖息于开阔的高原地区水域。非繁殖期主要栖息于大的内陆湖泊、江河、水库、池塘、河口等淡水水域。主要以小鱼为食。繁殖期为5—7月。

# 小䴙䴘 *Tachybaptus ruficollis*

䴙䴘目　PODICIPEDIFORMES　䴙䴘科　Podicipedidae

体形较小，翅长约 100 毫米，前趾各具瓣蹼；上体黑褐色而有光泽；眼先、颊、颏和上喉等均黑色；下喉、耳区和颈棕栗色；上胸黑褐色，部分羽毛尖端苍白色；下胸和腹部银白色；尾短。栖息在范围广泛的小而浅的湿地，通常深度小于 1 米。繁殖期为 5—7 月，营巢于沼泽、池塘、湖泊中丛生芦苇、灯芯草、香蒲等地，一巢产卵 4—8 个。

# 凤头䴙䴘 *Podiceps cristatus*

䴙䴘目　PODICIPEDIFORMES　䴙䴘科　Podicipedidae

颈修长，有显著的黑色羽冠。下体近乎白色而具光泽，上体灰褐色。上颈有一圈带黑端的棕色羽，形成皱领。后颈暗褐色；两翅暗褐色，杂以白斑。眼先、颊白色。胸侧和两胁淡棕色。栖息于低山和平原地带的江河、湖泊、池塘等各种水域中，在有浓密的芦苇和水草的湖沼中数量较多。繁殖期为5—7月。

# 欧斑鸠 *Streptopelia turtur*

## 鸽形目　COLUMBIFORMES　鸠鸽科　Columbidae

颈侧具多个有黑白色细纹的斑块，翼覆羽深褐色，具浅棕褐色鳞状斑。背及颈背褐色浓，颈及尾侧斑纹较白，胸部更现酒红色。眼周裸露皮肤红色。栖息于平原和低山丘陵地带的阔叶林、混交林和针叶林等各种森林中。以各种植物的果实和种子为食，也吃桑葚、玉米、芝麻、小麦等农作物和少量动物性食物。繁殖期为 5—8 月。

# 灰斑鸠 *Streptopelia decaocto*

鸽形目　COLUMBIFORMES　鸠鸽科　Columbidae

上体自头至尾灰褐色，后颈有半环形黑领，外侧尾羽深灰色，具阔白色端斑，下体灰色，虹膜赤红色；喙黑色；跗跖及趾暗红紫色，爪铅黑色。栖息于低海拔的山地、丘陵和平原地区的林地中。繁殖期成对活动，其余时间集小群活动。主要食物为植物的果实、种子等，也吃一些昆虫等无脊椎动物。繁殖期为 4—8 月。

# 黑腹沙鸡 *Pterocles orientalis*

## 沙鸡目　PTEROCLIFORMES　沙鸡科　Pteroclidae

国家一级重点保护野生动物。尾羽短而尖，雄鸟的头顶、颈部和上背为灰色，颏部、喉部为栗色。喉的下部有一个三角形的黑斑。栖息于山脚平原、草地、荒漠和多石的原野。主要以平原和荒漠上的植物种子为食，也吃植物的叶、芽和昆虫等。繁殖期为 5—6 月。

# 大杜鹃 *Cuculus canorus*

鹃形目　CUCULIFORMES　杜鹃科　Cuculidae

上体暗灰色，腰及尾上覆羽沾蓝色，因繁殖期常昼夜反复发出“布谷”的鸣叫声，故又叫作“布谷鸟”。栖息于山地、丘陵至平原的树林中，也见于农田和城市绿地。主要食物为松毛虫、舞毒蛾、松针枯叶蛾等鳞翅目幼虫和其他多种农林害虫，食量颇大。繁殖期为 5—7 月。

# 黑水鸡 *Gallinula chloropus*

## 鹤形目　GRUIFORMES　秧鸡科　Rallidae

成鸟头顶、后颈和上背灰黑色，泛蓝光，上喙基部至额甲鲜红色。下体为泛蓝的灰黑色。尾羽黑褐色。掌黄绿色。栖息于灌木丛、蒲草和苇丛，善潜水，多成对活动，以水草、小鱼虾和水生昆虫等为食。繁殖期为 4—7 月。

# 凤头麦鸡 *Vanellus vanellus*

鸻形目 CHARADRIIFORMES 鸻科 Charadriidae

头顶具细长羽冠。喙黑色，头顶至羽冠黑色；脸白色，眼下方有一黑斑；喉黑色；背、翼上覆羽及三级飞羽绿色，具金属光泽；尾下覆羽棕色；尾羽基部白色，端部黑色，末端羽缘灰白。雌鸟弱冠相对短，喉常有白斑。常成对或成小群栖息于河岸、沼泽地、稻田及放水后的水产养殖塘，喜在无植被或植被稀疏的开阔区域活动。以蚯蚓、蜗牛、小螺、鳞翅目和鞘翅目昆虫、小鱼等动物性食物为食，偶食小麦、草茎、草籽等植物性食物。4 月中旬开始配对，5 月初产卵。

## 金眶鸻 *Charadrius dubius*

鸻形目 CHARADRIIFORMES 鸻科 Charadriidae

喙黑色，下喙基部黄色，眼周金黄色，眼后白斑向上延伸到头顶，左右两侧相连，前胸黑环较宽，掌橙黄色（在繁殖期时为淡粉红色）。栖息于开阔平原和低山丘陵地带的湖泊、河流岸边以及附近的沼泽、草地和农田地带。以鳞翅目、鞘翅目昆虫及虾、软体动物等水生无脊椎动物为食。繁殖期为 5—7 月。

## 红脚鹬 *Tringa totanus*

鸻形目　CHARADRIIFORMES　鹬科　Scolopacidae

腿橙红色，喙基半部为红色；上体褐灰色，下体白色，胸具褐色纵纹。栖息于沼泽、草地、河流、湖泊、水塘、沿海海滨、河口沙洲等水域或水域附近湿地上。常成小群觅食，集大群休憩。以软体动物、甲壳动物、环节动物和昆虫等小型无脊椎动物为食。繁殖期为 5—7 月。

# 白腰草鹬 *Tringa ochropus*

## 鸻形目　CHARADRIIFORMES　鹬科　Scolopacidae

中等体形，约 23 厘米，前额、头顶、后颈黑褐色具白色纵纹。上背、肩、翅覆羽和三级飞羽黑褐色，羽缘具白色斑点。下背和腰黑褐色微具白色羽缘；尾上覆羽白色，尾羽亦为白色。繁殖期栖息于山地至平原森林中的水域附近，非繁殖期栖息在海滩、河口、沼泽乃至农田等地。常成小群活动。杂食性，主食虾、田螺、蜘蛛和昆虫等小型无脊椎动物，也吃小鱼和稻谷。繁殖期为 5—7 月。

## 矶鹬 *Actitis hypoleucos*

鸻形目　CHARADRIIFORMES　鹬科　Scolopacidae

成鸟头颈和上体橄榄褐色，具黑色细羽干纹和端斑。栖息于低山丘陵和山脚平原一带的江河沿岸、湖泊、水库、水塘岸边，也出现于海岸、河口和附近沼泽湿地，特别是迁徙季节和冬季。喜食鞘翅目、直翅目、夜蛾等昆虫，也吃螺、蠕虫、小鱼和蝌蚪等。繁殖期为 5 月初至 7 月末。

# 弯嘴滨鹬 *Calidris ferruginea*

鸻形目　CHARADRIIFORMES　鹬科　Scolopacidae

体长 19—23 厘米。喙较细长，明显地向下弯曲。繁殖期主要栖息于西伯利亚北部海岸冻原地带，尤其喜欢富有苔原植物和灌木的苔藓湿地。非繁殖期则主要栖息于海岸、湖泊、河流、海湾、河口和附近沼泽地带。常成群在水边沙滩、泥地和浅水处活动和觅食，也常与其他鹬混群。飞行快速，常集成紧密的群飞行，彼此飞行甚为协调。繁殖期为 6—7 月。

# 黑翅长脚鹬 *Himantopus himantopus*

鸻形目　CHARADRIIFORMES　反嘴鹬科　Recurvirostridae

夏羽雄鸟额白色，头顶至后颈黑色，翕、肩、背和翅上覆羽也为黑色；初级飞羽、次级飞羽和三级飞羽黑色；腰和尾上覆羽白色。尾羽呈淡灰色或灰白色；额、前头、两颊自眼下缘、前颈、颈侧、胸和其余下体概为白色。雌鸟和雄鸟基本相似。栖息于开阔草地中的湖泊、沼泽等湿地或稻田、鱼塘。以环节动物、软体动物、虾、蝌蚪和昆虫等为食。繁殖期为5—7月。

# 鹮嘴鹬 *Ibidorhyncha struthersii*

鸻形目　CHARADRIIFORMES　鹮嘴鹬科　Ibidorhynchidae

腿及喙红色，喙长且下弯。一道黑白色的横带将灰色的上胸与白色的下部隔开。翼下白色，翼上中心具大片白色斑。栖于海拔1700—4400米的石头多、流速快的河流。炫耀时姿势下蹲，头前伸，黑色顶冠的后部耸起。主要食蠕虫、蜈蚣以及蜉蝣目、毛翅目、等翅目、半翅目、鞘翅目、膜翅目等昆虫及其幼虫，也吃小鱼、虾、软体动物。繁殖期为5—7月。

## 领燕鸻 *Glareola pratincola*

鸻形目　CHARADRIIFORMES　燕鸻科　Glareolidae

夏季上体淡褐色，初级飞羽黑褐色，喉皮黄色，胸和两胁黄橄榄褐色，腹和尾下、尾上覆羽白色；尾呈深叉状，黑色；喙黑色，脚黑色。冬季和夏季大致相似，但头和胸羽缘黄褐色。主要栖息于开阔平原、草地、淡水或咸水沼泽、湖泊、河流和湿地，善于在地上奔跑和行走，亦善飞行，主要以各种昆虫及其幼虫为食。繁殖期为5—7月。

# 渔鸥 *Larus ichthyaetus*

鸻形目　CHARADRIIFORMES　鸥科　Laridae

夏羽头黑色，眼上下具白色斑；后颈、腰、尾上覆羽和尾白色；背、肩、翅上覆羽淡灰色；初级飞羽白色，次级飞羽灰色。冬羽头白色，具暗色纵纹，其余似夏羽。栖息于海岸、海岛、大的咸水湖，有时也栖息于大的淡水湖和河流，常单独或成小群活动，在天山和蒙古西北部，有时栖息于海拔 3000 米左右的高原湖泊中。主要以鱼为食。繁殖期为 4—6 月。

## 普通燕鸥 *Sterna hirundo*

鸻形目 CHARADRIIFORMES 鸥科 Laridae

夏羽头顶部黑色，背、肩和翅上覆羽鼠灰色或蓝灰色；颈、腰、尾上覆羽，尾白色；外侧尾羽延长，外侧黑色；尾呈深叉状；眼以下的颊部、喙基、颈侧、颏、喉和下体白色，胸、腹沾葡萄灰褐色；初级飞羽暗灰色，次级飞羽灰色，内侧和羽端白色。冬羽和夏羽相似，但前额白色。栖息于湖泊、河流、水塘和沼泽地带，频繁地飞翔于水域和沼泽上空，以小鱼、虾等小型动物为食。繁殖期为 5—7 月。

# 黑鹳 *Ciconia nigra*

## 鹳形目　CICONIIFORMES　鹳科　Ciconiidae

国家一级重点保护野生动物。两性相似。成鸟喙长而直，基部较粗，往先端逐渐变细。鼻孔小，呈裂缝状，尾较圆，脚甚长，胫下部裸出，前趾基部间具蹼，爪钝而短。头、颈、上体和上胸黑色。栖息于河流沿岸、沼泽山区溪流附近，有沿用旧巢的习性。以鱼为主食，也捕食其他小动物。繁殖于森林、河谷、沼泽。在湖泊、沼泽、河流沿岸越冬。性惧人。冬季有时结群活动。繁殖期为 4—7 月。

## 普通鸬鹚 *Phalacrocorax carbo*

鲣鸟目　SULIFORMES　鸬鹚科　Phalacrocoracidae

体长 72—87 厘米，体重大于 2 千克。通体黑色，头颈具紫绿色光泽，两肩和翅具青铜色光彩，喙角和喉囊黄绿色，眼后下方白色。栖息于河流、湖泊、池塘、水库、河口及其沼泽地带，亦常停栖在岩石或树枝上晾翼。繁殖期为 4—6 月。

# 苍鹭 *Ardea cinerea*

## 鹈形目　PELECANIFORMES　鹭科　Ardeidae

雄鸟头顶中央和颈白色，头顶两侧和枕部黑色。羽冠由4根细长的羽毛形成。上体自背至尾上覆羽苍灰色，尾羽暗灰色；颏、喉白色；胸、腹白色，前胸两侧各有一块大的紫黑色斑；两胁微缀苍灰色；腋羽及翼下覆羽灰色，腿部羽毛白色。栖息于江河、溪流、湖泊、水塘、海岸等水域岸边及其浅水处，也见于沼泽、稻田、山地、森林和平原荒漠上的水边浅水处和沼泽地上。繁殖期为4—6月。

# 大白鹭 *Ardea alba*

## 鹈形目　PELECANIFORMES　鹭科　Ardeidae

颈、脚甚长，两性相似，全身洁白。蓑羽羽干呈象牙白色；下体亦为白色，腹部羽毛沾有轻微黄色。喙和眼先黑色，喙角有一条黑线直达眼后。冬羽和夏羽相似，全身亦为白色，但前颈下部和肩背部无长的蓑羽，喙和眼先为黄色。栖息于开阔平原和山地丘陵地区的河流、湖泊、水田、海滨、河口及其沼泽地带。多在开阔的水边和附近草地活动。繁殖期为4—7月。

# 大麻鳽 *Botaurus stellaris*

## 鹈形目　PELECANIFORMES　鹭科　Ardeidae

额、头顶和枕黑色，眉纹淡黄白色；背和肩主要为黑色；其余上体部分和尾上覆羽皮黄色；尾羽亦为皮黄色，具黑色横斑；飞羽红褐色，具有显著的波浪状黑色横斑和大的黑色端斑；后颈黑褐色，羽端具两道棕红白色横斑；颈侧和胸侧皮黄色；颏、喉奶白色，前颈和胸皮黄色；腹皮黄色，具褐色纵纹，两胁和腋羽皮黄白色，具黑褐色横斑。栖息于河流、湖泊、池塘的芦苇丛及沼泽地中。具有夜行性，多在黄昏和夜晚活动，白天多隐蔽在水边芦苇丛和草丛中，有时亦见白天在沼泽草地上活动。主要以鱼、虾、蛙、蟹、螺、水生昆虫等动物性食物为食。繁殖期为5—7月。

# 黑鸢 *Milvus migrans*

## 鹰形目　ACCIPITRIFORMES　鹰科　Accipitridae

前额基部和眼先灰白色，耳羽黑褐色，头顶至后颈棕褐色，具黑褐色羽干纹。上体暗褐色，下体棕褐色，均具黑褐色羽干纹，尾较长，呈叉状，具宽度相等的黑色和褐色相间排列的横斑。栖息于开阔平原、草地、荒原和低山丘陵地带，也常在城郊、村屯、田野、港湾、湖泊上空活动，偶尔出现在海拔2000米以上的高山森林和林缘地带。主要以小鸟、鼠类、蛇、蛙、鱼、野兔、蜥蜴和昆虫等动物性食物为食。繁殖期为4—7月。

# 雀鹰 *Accipiter nisus*

## 鹰形目　ACCIPITRIFORMES　鹰科　Accipitridae

国家二级重点保护野生动物。雄鸟上体暗灰色，雌鸟灰褐色，头后杂有少许白色；下体白色或淡灰白色，雄鸟具细密的红褐色横斑，雌鸟具褐色横斑。栖息于山地森林，具有日行性，常单独活动。善飞翔，常快速鼓翼和滑翔交替进行，能够灵活地在树丛间飞行穿过。发现猎物时能够快速俯冲捕猎，捕食雀形目小鸟、昆虫及鼠类。繁殖期为5—7月，营巢于高大乔木靠近树干的枝杈上，窝卵数3—4枚。野外寿命可达20年。

# 棕尾鵟 *Buteo rufinus*

## 鹰形目　ACCIPITRIFORMES　鹰科　Accipitridae

国家二级重点保护野生动物。中大型猛禽，体长 50—65 厘米，飞行时，翅上举呈“V”形，翼尖黑色。喜欢干燥环境，栖息于荒漠、半荒漠、草原、无树的平原和山地平原，垂直分布的高度可达海拔 2000—4000 米的高原地区，冬季有时也到农田地区活动，但较少活动于森林地带，常单独或成群在开阔、多石而又干燥的不毛之地活动。主要以野兔、啮齿动物、蛙、蜥蜴、蛇、雉鸡和其他鸟类及鸟卵等为食，有时也吃死鱼和其他动物尸体。繁殖期为 4—7 月。

# 金雕 *Aquila chrysaetos*

## 鹰形目 ACCIPITRIFORMES 鹰科 Accipitridae

国家一级重点保护野生动物。未成年时，头、颈黄棕色；成年个体翼和尾部均无白色，头顶及枕部羽色转为金褐色。栖息于森林、草原、荒漠等各种环境中，一般在高原、山地、丘陵地区活动，垂直分布的高度可达海拔4000米以上。冬季常到海拔较低的山地丘陵和山脚平原地带活动。繁殖期在山谷峭壁的凹陷处筑巢，偶尔在高大乔木上筑巢。以出色的飞行能力著称于世，以中大型鸟类和兽类为食。繁殖期为3—5月。

# 白尾海雕 *Haliaeetus albicilla*

## 鹰形目　ACCIPITRIFORMES　鹰科　Accipitridae

国家一级重点保护野生动物。头、颈淡黄褐色或沙褐色，具暗褐色羽轴纹，前额基部尤浅；肩部羽色多为土褐色；后颈羽毛较长，为披针形；背以下上体暗褐色，腰及尾上覆羽暗棕褐色，尾较短，呈楔状，纯白色，翅上覆羽褐色，羽缘淡黄褐色，飞羽黑褐色。下体颏、喉淡黄褐色，胸部羽毛呈披针形，淡褐色，具暗褐色羽轴纹和淡色羽缘；其余下体褐色，尾下覆羽淡棕色，具褐色斑；翅下覆羽与腋羽暗褐色。栖息于近水而开阔的高原草甸、湖泊、沼泽等生境，也见于河流附近。营巢于岸边的大树上，喜重复修缮使用旧巢。多单个或成对在空中飞翔。在水面搜寻和捕食鱼类，也掠食草原及开阔地的啮齿类动物、兔和野鸭等。繁殖期为4—6月，每窝通常产卵2枚。

# 高山兀鹫 *Gyps himalayensis*

## 鹰形目　ACCIPITRIFORMES　鹰科　Accipitridae

国家二级重点保护野生动物。头和颈上部覆有污黄色像头发一样的羽毛，到下颈羽毛逐渐变为白色绒羽，颈基部有长而呈披针形的簇羽，形成领翎围绕在颈部，淡皮黄色或黄褐色，具有中央白色羽轴纹。背和翅上覆羽淡黄褐色，上胸为密的白色绒羽，被有淡褐色胸斑，其余下体淡皮黄褐色。栖息于高山和高原地区，常在高山森林以上森林苔原地带或高原草地、荒漠和裸岩地区活动。或在高空翱翔，或成群停栖于地面或岩石上，有时也在雪线以上的高空盘旋。主要以腐肉和尸体为食，一般不攻击活的动物。繁殖期为 12 月至翌年 5 月。

# 纵纹腹小鸮 *Athene noctua*

鸮形目　STRIGIFORMES　鸱鸮科　Strigidae

国家二级重点保护野生动物。体小（约 23 厘米），无耳羽簇。头顶平，眼亮黄。上体褐色，具白纵纹及点斑。下体白色，具褐色杂斑及纵纹，肩上有两道白色或皮黄色横斑。虹膜亮黄色，喙角质黄色，爪黑褐色。栖息于丘陵、草原和平原的农田地区，昼夜皆活动，早晨和黄昏时较活跃；通常单独或成对活动。主要以啮齿类、两栖类、爬行类、小型鸟类和大型昆虫等动物性食物为食。以崖壁洞穴、石堆或废弃建筑物缝隙为巢。繁殖期为 5—7 月。

# 黄喉蜂虎 *Merops apiaster*

## 佛法僧目　CORACIIFORMES　蜂虎科　Meropidae

喉黄色，其下有一窄的黑色胸带；胸带以下的整个下体蓝绿色。前额蓝白色，具一宽的黑色贯眼纹，头顶至后颈暗栗色，尾蓝绿色，中央尾羽延长，明显突出于其他尾羽。翅上具淡栗色斑。喙黑色，细长而尖，微向下弯曲。主要栖息于山脚和开阔平原地区有树木生长的悬崖、陡坡及河谷地带，冬季有时也出现在平原丛林、灌木林，甚至芦苇沼泽地区。主要以昆虫为食，尤其喜食黄蜂类。繁殖期为5—7月。

# 蓝胸佛法僧 *Coracias garrulus*

佛法僧目　CORACIIFORMES　佛法僧科　Coraciidae

通体淡蓝绿色。翅膀长而宽，除栗色背羽外大部分为蓝色。额、眼先、耳羽淡褐色；头顶、颊、腰淡蓝绿色。翼覆羽绿蓝色，中覆羽端部沾沙棕色，其余飞羽黑褐色；尾羽褐色。颏近白色，喉以下淡绿蓝色，喉至胸沾淡黄褐色。翅膀前缘鲜中蓝色，翅尖黑色。主要栖息于海拔 1500 米以下的低山和山脚平原等开阔地带的各种生境——从森林、灌丛、林缘到荒漠和半荒漠，尤喜被有稀疏灌木，又有悬崖和沟谷的荒漠和半荒漠地区。主要以甲虫、蟋蟀、蝗虫、毛毛虫、苍蝇和蜘蛛等无脊椎动物为食。繁殖期为 5—7 月。

# 戴胜 *Upupa epops*

## 犀鸟目　BUCEROTIFORMES　戴胜科　Upupidae

头、颈、胸淡棕栗色。羽冠色略深且各羽具黑端。胸部沾淡葡萄酒色；上背和翼上小覆羽转为棕褐色；下背和肩羽黑褐色而杂以棕白色的羽端和羽缘；腰白色；尾上覆羽基部白色，端部黑色；尾羽黑色。翼外侧黑色，向内转为黑褐色，腹及两胁由淡葡萄酒色转为白色，并杂有褐色纵纹，至尾下覆羽全为白色。虹膜褐至红褐色；喙黑色，基部呈淡铅紫色；脚铅黑色。栖息于山地、平原、森林、林缘、路边、河谷、农田、草地、村屯和果园等开阔地带，尤其以林缘耕地生境较为常见。以昆虫为食，在树上的洞内做窝。繁殖期为 4—6 月。

# 红隼 *Falco tinnunculus*

## 隼形目　FALCONIFORMES　隼科　Falconidae

国家二级重点保护野生动物。小型猛禽，雄鸟头蓝灰色，背和翅上覆羽砖红色；雌鸟上体从头至尾棕红色，具黑褐色纵纹和横斑，头顶至后颈以及颈侧具细密的黑褐色羽干纹，背到尾上覆羽具显著的黑褐色横斑。栖息于山地森林、森林苔原、低山丘陵、草原、旷野、森林平原、山区植物稀疏的混合林、开垦耕地、旷野灌丛草地、林缘、林间空地、疏林和有稀疏树木生长的旷野、河谷和农田地区。以大型昆虫、鸟和小型哺乳动物为食。繁殖期为5—7月。

# 白鹡鸰 *Motacilla alba*

雀形目　PASSERIFORMES　鹡鸰科　Motacillidae

喙细，尾、翅都很长，喜滨水活动，多栖息于河溪边、湖沼、水渠等处，在离水较近的耕地附近、草地、荒坡、路边等处也可见到。食物几乎全是昆虫，以双翅目、鞘翅目为主，如甲虫、米蟓、蝇类、蝗虫等。

# 河乌 *Cinclus cinclus*

## 雀形目 PASSERIFORMES 河乌科 Cinclidae

羽色黑褐或咖啡褐色，体羽较短而稠密。喙较窄而直，喙与头几乎等长；上喙端部微下曲或具缺刻；无喙须，鼻孔被膜遮盖。翅短而圆。尾较短，尾羽 12 枚。栖息于山间河流两岸的大石或倒木上，只是沿河流水面上下飞，遇河流转弯处不从空中取捷径飞行。能在水面浮游，也能在水底潜走。主要在水中取食，以水生昆虫及其他水生小型无脊椎动物为食。繁殖期为 4—7 月。

# 新疆歌鸲 *Luscinia megarhynchos*

## 雀形目 PASSERIFORMES 鹟科 Muscicapidae

体长 16—18 厘米。尾比一般鸲类长，上体包括两翅和尾棕褐色，下体污白色或皮黄白色，无斑纹。眼先暗白色，虹膜褐色或暗褐色，喙黑褐色，脚褐色或肉褐色。主要栖息于落叶阔叶林和混交林中，在河谷、河漫滩一带的疏林灌丛和林缘灌丛较常见，也见于果园、公园和园圃。主要以各种昆虫为食。繁殖期为 5—7 月。

# 沙鵰 *Oenanthe isabellina*

## 雀形目　PASSERIFORMES　鹟科　Muscicapidae

体长 16 厘米，喙偏长，沙褐色。色平淡而略偏粉且无黑色脸罩，翼较多数其他鵰种色浅，尾黑。雌雄同色，但雄鸟眼先较黑，眉纹及眼圈苍白。虹膜深褐色，喙黑色，脚黑色。主要栖息于有稀疏植物生长的干旱平原、荒漠、半荒漠和沙丘地带，也栖息于海拔 3000 米以上的沙石草原和盐碱草甸。常单独或成对活动，领域性甚强，保卫的领域范围为半径 10—15 米。主要以甲虫、鳞翅目、蝗虫、蜂、蚂蚁等昆虫及其幼虫为食。繁殖期为 5—7 月。

# 乌鸫 *Turdus merula*

雀形目　PASSERIFORMES　鹟科　Muscicapidae

全身大致黑色、黑褐色或乌褐色。上体包括两翅和尾羽均黑色。下体黑褐色，喉亦微染棕色而微具黑褐色纵纹。喙黄，眼珠呈橘黄色，脚近黑色，喙及眼周橙黄色。雌鸟较雄鸟色淡，喉、胸有暗色纵纹；虹膜褐色，喙橙黄色或黄色，脚黑色。主要栖息于次生林、阔叶林、针阔叶混交林和针叶林中，尤其喜欢栖息在林区的外围、林缘疏林、农田地旁的树林、果园以及村镇附近的小树丛中，常单独或成对活动，多在地上觅食，繁殖期常隐匿于高大乔木顶部枝叶丛中，不停地鸣叫。主要以鳞翅目、半翅目、膜翅目昆虫及其幼虫为食，属于农林益鸟，在植物保护中有较大作用。

# 大苇莺 *Acrocephalus arundinaceus*

雀形目　PASSERIFORMES　鹟科　Muscicapidae

眉纹淡棕黄色；眼褐色；翅褐色，具淡棕色的边缘；尾羽亦褐色，但较翅羽的褐色稍浅。顶部棕色，上体黄褐色，腹面淡棕黄色，两胁较深，腹部中央转为乳白色。雌雄两性羽色相似。虹膜褐色；上嘴黑褐色，下嘴苍白，先端黑茶色；脚淡铅蓝色。出没于海拔 200—1500 米的湖畔、河边、水塘、芦苇沼泽的茂密芦苇丛中，或附近的灌木丛和园林中。常栖匿于河边或湖畔的苇丛间，有时也飞至附近的树上。主要以昆虫为食。繁殖期为 5—7 月。

# 文须雀 *Panurus biarmicus*

## 雀形目　PASSERIFORMES　鹟科　Muscicapidae

雄鸟前额、头顶、头侧淡烟灰色或灰色，眼先、眼周黑色；背、肩、腰等淡棕色或赭黄色。尾较长，呈凸状。颏、喉和前胸淡黄白色或灰白色，颈侧和胸侧缀粉色或灰沾紫色，两胁淡棕黄色，腹中部乳白色或乳黄沾紫色，尾下覆羽黑色。雌鸟头不为灰色，而为灰棕色，眼先不为黑色，而为灰棕色，眼下和颧区亦无黑色髭状斑，其余均和雄鸟相似。虹膜橙黄色，嘴橙黄色或黄褐色，脚黑色。栖息于湖泊或河流沿岸的芦苇丛中。常集小群活动，性活泼，善鸣叫，常在近水的芦苇丛中跳跃或在芦苇秆上攀爬。主要以昆虫、草籽为食。繁殖期为4—7月，通常营巢于芦苇或灌木下部，也在倒伏的芦苇堆上或旧的芦苇茬上营巢。

# 棕尾伯劳 *Lanius phoenicuroides*

## 雀形目 PASSERIFORMES 伯劳科 Laniidae

雄鸟上体浅沙灰色；过眼纹黑色；眉纹白色；尾棕色，尾上覆羽棕黄色；翼镜白色。雌鸟较雄鸟色暗，下体具黑色细小的鳞状斑纹。栖息于荒漠和半荒漠的疏林、灌丛和树丛中。主要以蜥蜴、昆虫、小型蛇类为食。在我国新疆北部阿尔泰山和天山之间的广阔区域、吐鲁番、哈密等地繁殖，在非洲东部、亚洲西南部越冬。

# 欧亚喜鹊 *Pica pica*

## 雀形目　PASSERIFORMES　鸦科　Corvidae

雌雄羽色相似，头、颈、背至尾均为黑色，并自前往后分别呈现紫色、绿蓝色、绿色等光泽，双翅黑色，在翼肩有一大型白斑，尾远较翅长，呈楔形，嘴、腿、脚纯黑色，腹面以胸为界，前黑后白。主要栖息在平原、丘陵和低山地区，常见于山麓、林缘、农田、村庄以及城市公园等地。繁殖期为 2—5 月。

# 红嘴山鸦 *Pyrrhocorax pyrrhocorax*

雀形目　PASSERIFORMES　鸦科　Corvidae

喙和脚朱红色，其余黑色。雌雄羽色相似，全身羽毛纯黑色，具蓝色金属光泽。虹膜褐色或暗褐色，嘴和脚朱红色。栖息于开阔的山地至荒漠；具有地栖性，常小群在地面上觅食，也成群在山地上空飞翔，有时和喜鹊、寒鸦等混群活动。主要捕食金针虫、天牛、蝗虫、蟒象等多种昆虫，也吃草籽、嫩芽等植物性食物。营巢于山地悬崖或河谷等开阔地的岩缝中，以枯枝、草茎等材料筑碗状巢，内垫兽毛、须根等柔软材质。繁殖期为 4—7 月。

# 小嘴乌鸦 *Corvus corone*

## 雀形目 PASSERIFORMES 鸦科 Corvidae

全身羽毛黑色，具紫蓝色金属光泽，头顶羽毛窄而尖，喉部羽毛呈披针形，下体羽色较上体稍淡。除头顶、枕、后颈和颈侧光泽较弱外，包括背、肩、腰、翼上覆羽和内侧飞羽在内的上体均具紫蓝色金属光泽。栖息于低山、丘陵和平原地带的疏林及林缘地带。属于杂食性鸟类，以腐尸、垃圾等杂物为食，亦取食植物的种子和果实，是自然界的“清洁工”。繁殖期为 4—6 月，早的在 3 月中下旬开始筑巢。

## 家八哥 *Acridotheres tristis*

### 雀形目 PASSERIFORMES 椋鸟科 Sturnidae

整个头颈及耳羽亮黑色，微具紫光；后颈至上胸灰棕色，上体褐色，尾黑具白端。次级翅上覆羽和内侧飞羽葡萄褐色，次级飞羽先端略染青铜色，初级覆羽纯白色，初级飞羽黑褐色，各羽基部有一白斑，飞行时翼闪明显。胸、胁淡褐色，腹以下白色；虹膜略红，嘴和脚黄色。主要栖息于海拔1500米以下的低山丘陵和山脚平原等开阔地区，农田、草地、果园和村寨附近较常见，也见于城市公园。主要以蝗虫、甲虫、蚊、虻等昆虫及其幼虫为食，也吃谷粒、植物果实和种子等农作物和植物性食物。繁殖期为3—7月。

# 家麻雀 *Passer domesticus*

## 雀形目　PASSERIFORMES　雀科　Passeridae

背栗红色具黑色纵纹，两侧具皮黄色纵纹；颏、喉和上胸黑色，脸颊白色，其余下体白色，翅上具白色带斑。雄鸟顶冠及尾上覆羽灰色，耳无黑色斑块，且喉及上胸的黑色较多。雌鸟色淡，具浅色眉纹。主要栖息在人类居住环境、山地、平原、丘陵、草原、沼泽和农田。属杂食性鸟类。繁殖期为4—8月。

# 树麻雀 *Passer montanus*

雀形目　PASSERIFORMES　雀科　Passeridae

体长 13—15 厘米，虹膜暗红褐色，喙一般为黑色，但冬季有的呈角褐色，下嘴呈黄色；额、头顶至后颈栗褐色，头侧白色，耳部有一黑斑，在白色的头侧极为醒目；背沙褐或棕褐色，具黑色纵纹，颏、喉黑色，其余下体污灰白色微沾褐色；脚和趾等均污黄褐色。喜欢栖息在有人类生活的各种生境，适应力强，十分常见；性活泼，常集群活动，一般在地面、草丛及灌丛中觅食；食性较杂，主要以谷粒、草籽、果实为食，繁殖期间也吃大量昆虫。繁殖期为 3—8 月。

# 芦鹀 *Emberiza schoeniclus*

雀形目　PASSERIFORMES　鹀科　Emberizidae

雄鸟头部黑而无眉纹；颈圈和颧纹白色；上体栗黄，具黑色纵纹；翅上小覆羽栗色。雌鸟头部赤褐色，具眉纹。体羽似麻雀，外侧尾羽有较多的白色。喙为圆锥形，上下喙边缘不紧密切合而微向内弯。栖息于低山丘陵和平原地区的河流、湖泊、草地、沼泽和芦苇塘等开阔地带的灌丛与芦苇丛中及高原沼泽草地和灌丛地带，迁徙期间和冬季也出入于农田和牧场地区。具有杂食性，食物为苇实、草籽、植物碎片、节肢动物、软体动物、甲壳类动物。繁殖期为 5—7 月。

# 常见哺乳动物

# 狼 *Canis lupus*

## 食肉目 CARNIVORA 犬科 Canidae

国家二级重点保护野生动物。体形中等、匀称，四肢修长。头腭尖形，颜面部长，鼻端突出，耳尖且直立。犬齿及裂齿发达。前足4—5趾，后足一般4趾；爪粗而钝。体色一般为黄灰色，背部杂以毛基为棕色、毛尖为黑色的毛，也间有黑褐色、黄色以及乳白色的杂毛。栖息于森林、沙漠、山地、寒带草原、针叶林、草地。夜行性动物，善于快速及长距离奔跑，多喜群居。

# 赤狐 *Vulpes vulpes*

## 食肉目　CARNIVORA　犬科　Canidae

国家二级重点保护野生动物。体形细长；吻尖，耳较大而尖。背部毛发红褐色，肩部和体侧略呈淡黄色；耳后黑褐色，耳背上半部毛色与头部毛发差异显著，呈黑色；腹部白色，腿细长而呈黑色；尾形粗大而蓬松，尾梢灰白色；四肢外侧黑色条纹延伸至足面。栖息于荒漠、半荒漠、苔原、森林、农田等环境中。

# 猞猁 *Lynx lynx*

## 食肉目　CARNIVORA　猫科　Felidae

国家二级重点保护野生动物。四肢长而矫健；耳基宽，耳尖具黑色耸立簇毛；尾短而钝；两颊具颇长而下垂的鬓毛。背毛呈粉红棕色，背中部毛色较深。腹毛较淡，呈黄白色，其毛基灰棕色。眼周毛色发白，两颊有2—3列明显的棕黑色纵纹。体背散有棕褐色斑点。栖息生境极富多样性，从亚寒带针叶林、寒温带针阔混交林至高寒草甸、高寒草原、高寒灌丛草原及高寒荒漠与半荒漠等各种环境均有其足迹。生活在森林灌丛地带，密林中及山岩上较常见。喜独居。

## 马鹿 *Cervus canadensis*

偶蹄目　ARTIODACTYLA　鹿科　Cervidae

国家二级重点保护野生动物。体长 180 厘米左右，肩高 110—130 厘米，成年雄性体重约 200 千克，雌性约 150 千克。身体呈深褐色，背部及两侧有一些白色斑点。雄性有角，一般分为 6 个叉，最多 8 个叉，茸角的第二叉紧靠眉叉。马鹿喜欢开阔的林地，避免茂密的、未破坏的森林。可以在针叶林、沼泽、空地、白杨阔叶林和针叶阔叶林中生活。存在于广泛的海拔高度，通常从海平面到 3000 米，也可能出现于更高的海拔高度，在我国曾于高达 5000 米处被发现。

# 狍 *Capreolus pygargus*

## 偶蹄目 ARTIODACTYLA 鹿科 Cervidae

体长约 1.2 米，体重约 30 千克，有着细长的颈部及大眼睛、大耳朵。无獠牙，后肢略长于前肢，尾短。雄性有角，雌性无角，雄性长角只分三个叉。狍身草黄色，尾根下有白毛。栖息于不同类型的落叶林和混交林以及森林草原。

# 北山羊 *Capra sibirica*

偶蹄目　ARTIODACTYLA　牛科　Bovidae

国家二级重点保护野生动物。体形较大，形似家山羊。夏毛棕黄色，腹部及四肢内侧白色，冬毛长而色浅淡，雄性颌下有须。四肢稍短，蹄子狭窄。雌雄均有角，雄性角长、大，向后呈弯刀状，角上多粗糙横嵴。栖息于海拔3000—6000米的高原裸岩和山腰碎石嶙峋的地带。

# 野猪 *Sus scrofa*

偶蹄目　ARTIODACTYLA　猪科　Suidae

体躯健壮，四肢粗短，头较长，耳小并直立。整体毛色呈深褐色或黑色，顶层由较硬的刚毛组成，底层下面有一层柔软的细毛。背上披有刚硬而稀疏的针毛，毛粗而稀。栖息于山地、丘陵、荒漠、森林、草地和林丛间，环境适应性极强。

# 北松鼠 *Sciurus vulgaris*

## 啮齿目 RODENTIA 松鼠科 Sciuridae

尾毛密长且蓬松，四肢及前后足均较长，但前肢比后肢短。耳壳发达。全身背部自吻端到尾基，体侧和四肢外侧均为褐灰色，毛基灰黑，毛尖褐或灰色。栖息于山地针叶林和针阔混交林中。

# 草兔 *Lepus capensis*

## 兔形目　LAGOMORPHA　兔科　Leporidae

中等大小，体长 45 厘米左右，体重约 2 千克。耳长、尾短，前肢比后肢短，冬毛背部沙黄色，腹面白色，耳尖有一棕褐色斑，尾背有一黑色纵纹。栖息于农田或农田附近沟渠两岸的低洼地、灌丛及林缘地带。